一切都会好的

自我暗示的身心疗愈力

[美]露易丝·海　[美]蒙娜·丽莎·舒尔茨 ——— 著
Louise L. Hay　　Mona Lisa Schulz

陈功香 ——— 译

图书在版编目（CIP）数据

一切都会好的：自我暗示的身心疗愈力 /（美）露易丝·海，（美）蒙娜·丽莎·舒尔茨著；陈功香译. -- 北京：中信出版社，2025.8. -- ISBN 978-7-5217-7252-4

Ⅰ.B849.1

中国国家版本馆 CIP 数据核字第 20253SG124 号

All Is Well: Heal Your Body with Medicine, Affirmations, and Intuition
by Louise L. Hay and Mona Lisa Schulz
Copyright © 2013 by Louise L. Hay and Mona Lisa Schulz
English language publication 2013 by Hay House Inc. USA
Simplified Chinese translation copyright © 2025 by CITIC Press Corporation
ALL RIGHTS RESERVED
本书仅限中国大陆地区发行销售

一切都会好的——自我暗示的身心疗愈力

著者：[美]露易丝·海 [美]蒙娜·丽莎·舒尔茨
译者：陈功香
出版发行：中信出版集团股份有限公司
（北京市朝阳区东三环北路 27 号嘉铭中心 邮编 100020）
承印者：河北鹏润印刷有限公司

开本：880mm×1230mm 1/32 印张：9.5 字数：179 千字
版次：2025 年 8 月第 1 版 印次：2025 年 8 月第 1 次印刷
京权图字：01-2024-0180 书号：ISBN 978-7-5217-7252-4
定价：58.00 元

版权所有·侵权必究
如有印刷、装订问题，本公司负责调换。
服务热线：400-600-8099
投稿邮箱：author@citicpub.com

每当遇到问题时,反复对自己说:

一切都会好的。
一切都朝着对我最有利的方向发展。
这就会有好事发生。
我很安稳。

这些话将为你创造奇迹。
祝你快乐幸福!

——露易丝·海

温馨提示：本书引用的案例和相应的医疗方案是两位作者从多年的临床工作中积累的综合材料，但不负责为您提供个性化的医疗建议和处方。请在和医生充分沟通并得到许可后再使用本书提到的药物。如您未在医生建议下自行使用，本书作者和出版社不对您的行为及后果承担任何责任。

序言一
拥有自我疗愈功能

亲爱的读者，无论你是我作品的新读者还是老读者，能够向你呈上这本书，令我激动不已。

本书从一个新颖且令人激动的角度来探讨我的理论。我认可和欣赏我的合著者蒙娜·丽莎·舒尔茨，她常年收集科学依据来支持我这些年所教授的内容。虽然我本人不需要证据来证明我的这些方法是有效的，因为我依靠"内心感知"来审视事物，但我知道很多人只在有科学依据的情况下才会考虑接受一种新观念。因此，我们将向你呈现这些科学依据。我知道，有了这些额外信息的支撑，将会有更多人意识到自己所拥有的自我疗愈能力。

愿这本书能成为你的指南。在接下来的章节中，蒙娜·丽莎·舒尔茨将清晰且循序渐进地为你讲述如何从疾病缠身走向身心健康——阐述情绪健康与身体健康之间的有效联系，以及我们为治愈所提出的方法。本书将医疗健康、整体健康、营养健康和情绪健康有效地融为一体，可供任何人随时随地阅读。

路易丝·海

序言二
什么是综合疗法

近 30 年来，越来越多的人开始深入探索肯定语、药物和直觉在治愈身心方面的应用，很多才华横溢且天赋异禀的人对此做出了重要贡献，但不可否认，露易丝·海是这个领域公认的先驱。事实上，她的探索始于 20 世纪 80 年代，当时很多人纷纷购买了她的那本"小蓝书"——《生命之重建：治愈你的身体》(*Heal Your Body: The Mental Causes for Physical Illness and the Metaphysical Way to Overcome Them*)。我们由此开始意识到思维模式是身体出现健康问题的原因之一。

谁也没想到这本"小蓝书"竟然会给我的生活带来如此深远的改变，但它确实改变了一切。它对我的医疗临床实践产生了深刻的影响，引导我踏上了改善患者健康与自身状态的道路。当 Hay House 出版社邀请我与露易丝合作撰写一本关于直觉、肯定语和药物（包括传统西方医学及其替代疗法）的心理治愈力量的书时，我感到异常兴奋和激动。这将会是一套最佳的治疗体系！既能拥有这些素材，又能与露易丝进行合作，我怎能拒绝呢？

露易丝·海的肯定理论

《生命之重建：治愈你的身体》这本书陪伴我度过了在医学院的时光。后来在我攻读博士学位期间，当我全身心地投入对大脑的深入研究时，我也一直带着它。每当我在医学实践中遇到困难时，就会翻阅这本书。例如，在毫无征兆的情况下，我患上了鼻窦炎和后鼻滴涕，我会想起书中提到，后鼻滴涕也被称为"内心哭泣"。当我对偿还助学贷款感到压力巨大时，我开始出现坐骨神经痛和腰背疼痛等问题，我又向这本书寻求答案，认识到坐骨神经痛与"对金钱和未来感到恐惧"的思维方式有关。

我的多次经历都证明了这本书的意义，但我始终想不明白，露易丝是如何形成她的肯定理论（affirmation system）的。35年前，她就已经开始进行"临床观察研究"，思考人类思维与健康的关系，她的动力源自哪里？在没有系统科学学习或医学培训的背景下，她是如何在观察一个又一个来访者的过程中，发现人的思维模式与相关的健康问题之间存在某种相关性，并写出了这样一本书，且能够如此准确地解答我们的健康问题的？她的方法奏效了，但我不知道它是因为什么或怎么起作用的，这些问题简直令我抓狂。

必要性或迫切性是发明与创新之母。因此，我决定深入探索露易丝的肯定思维体系背后的科学原理，并探究情感在大脑和身体健康问题中的作用。这些相关性的研究，帮我创建了一套全面的治疗系统，该系统指导我进行了超过 25 年的直觉咨询，这么多年来，我还是一名医生和科学家。然而，直到露易丝与我开始合写这本书时，我才意识到，将我所采用的治疗方法与露易丝的肯定思维体系相结合会产生多么强大的能量。

直觉的重要性

人体是一台神奇的机器，作为一台机器，它需要定期维护和保养才能尽可能高效地运转。身体出现问题和生病的原因有很多：遗传、环境、饮食等。但是，正如露易丝在她的职业生涯中发现并写在《生命之重建：治愈你的身体》一书中的那样，每一种疾病都会受到你生活中情绪因素的影响。在露易丝提出这些结论几十年后，科学界也发表了支持这些结论的研究。

从已有的研究来看，我们了解到情绪（恐惧、愤怒、悲伤、爱和快乐）对身体有特定的影响。我们知道，愤怒带来的肌肉紧张和血管收缩，可能导致血压升高和血流受阻。心脏病医学告诉我们，令人欢愉和充满爱的情绪则有相反的效果。如果你看过露易丝的"小蓝书"，就会发现心脏病和其他心脏问题可能"将我们所有的喜悦挤出"，从而可能导致"心脏硬化"和"喜悦感缺失"。然而，她的肯定治疗体系提供了一种解决方案——"让快乐重新回到我们的内心""让我们与过去和解，保持内心的安宁"。

特定的思维模式会以可预见的方式影响我们的身体，每种情绪会释放特定的化学物质。长时间处于恐惧中，我们的身体会持续分泌压力激素，特别是皮质醇，从而引发多米诺骨牌效应，最终可能导致心脏病、肥胖和抑郁。与恐惧一样，其他情绪和想法也遵循特定模式，以疾病的形式投射到身体上。我在工作中还发现，虽然情绪在身体各处游走，但它们对器官的影响各不相同，这取决于你生活中发生了什么。这正是直觉发挥作用的神奇之处。

当我们没有察觉到自己的情感状态或所爱之人的生活状态时，这些信息会以直觉的方式传递给我们。每个人都拥有五感：视觉、听觉、触觉、嗅觉和味觉。此外，我们还拥有另外五种与之平行的"直觉感知"能力：超视觉、超听觉、超触觉、超嗅觉和超味觉。这些超感知赋予我们在日常生活中获得更多关键信息的能力。例如，你可能会在收到一幅直觉图像时感觉焦虑，闪现朋友正处于危险之中。或者，在电话铃声响起的五分钟前，你已经听到脑海中传来亲人去世的坏消息时，可能会感到恐惧；又或者在同意一笔不合理的商业交易之前，你可能会"尝到一丝不妙的味道"或"嗅到一股可疑的气息"。这些直觉会在你体内引起一种不适感，无论是"直觉"还是"心痛"，都在警告你即将面临人际关系中的问题。

在信息不足的情况下，直觉会在这些问题上指引我们，比如在我的医学生涯中，直觉一直在帮助我。除此之外，我们的身体也有与生俱来的直觉。我们的身体可以告诉我们生活中的什么方面出了问题，即使我们还没意识到。

如果我们要完全康复，就必须关注身体通过直觉所传递的信息。但我们也需要逻辑和事实来充分了解生活中的哪些失衡会影响我们的健康。就像自行车的两个轮胎都需要充气一样，你需要将情绪和直觉与逻辑和事实相结合，以取得平衡。没有直觉的极端逻辑和没有逻辑的直觉都会酿成灾难性后果。我们必须同时使用这两种工具来创造健康。在本书中，我们将讨论如何做到这一点，重点介绍以下四种方法。

1. 意识到自己和生活中其他人的情绪，特别留意恐惧、愤怒和悲伤所带来的警告。
2. 辨识出这些情绪所伴随的思维模式，思考它们是如何产生的。
3. 识别痛苦的症状，同时在身体中寻找这些症状的根源。

4. 理解症状的产生不仅仅受饮食、环境、遗传和伤害的影响，还需解读这些症状背后特定的直觉或情感思维模式信息。

肯定理论、直觉和医学的结合

那么，我们该如何运用身体的直觉来读取并解释它试图传递给我们的信息呢？

把你的身体想象成一辆小汽车的仪表盘，它上面有一系列紧急警示灯。当你的生活中出现需要注意的事情时，相应区域的警示灯就会亮起。谁没有经历过令人恼火的煤气灯行为？表盘警示灯总不合时宜地亮起：行驶中显示油量不足，令人烦躁不安。如果你生活中的某个方面空虚或过度运转，你身体的某个部位就会发出痛苦的暗示、低语甚至尖叫。

你的身体存在七盏警示灯，每盏警示灯都由一些身体部分组成，每个身体部分的健康状况都与特定类型的思维模式和行为相关。例如，安全感往往与骨骼、血液、免疫系统和皮肤息息相关。当你感到不安全时，这些器官可能会表现出一些症状。而我们的健康状况往往又与我们的情绪密不可分。

本书的每一章都致力于促进一个情绪中心所对应的身体部分的健康。例如，第 3 章将探讨第一情绪中心所对应的身体部分——骨骼、血液、免疫系统和皮肤，有助于我们认识到当某个身体部分出现问题时，往往意味着我们的生活与核心情绪之间的平衡出现了问题。简言之，当我们失去安全感时，第一情绪中心所对应的身体部分会产生相应的反应。

正如我们需要均衡饮食以保持健康一样，我们也需要确保拥有健康的爱和幸福的源泉。通过努力将我们的精力投入生活的各个方面，如家庭、金钱、职业、人际关系、沟通、教育和精神生活，我们可以创造身心健康的生活。

如何使用这本书

当露易丝和我开始讨论如何为你们撰写一本最有用的书时，我们决定按照这样一种结构来写：你可以在目录中查找自己身体出现问题的部分，并从对应内容开始着手。然而，需要注意的是，人体并非简单的器官组合，所以身体某一部分出现问题也会影响其他部分的健康。家庭中的安全感（第一情绪中心）也会影响个体自尊的建立（第三情绪中心）。要获得彻底疗愈，你必须全面审视自己的生活状态，并对那些出现疾病的身体部分给予重点关注。因此，你可以直接跳转到与你的个人问题有关的章节进行阅读，同时浏览其他章节以了解生活中其他不平衡问题的情况。全面了解自己的强项和弱项有助于为你建立一个健康的情绪中心，并制订出长期有效的生活计划。

在你阅读这本书的过程中，我还将帮助你最大限度地发掘自身每个情绪器官的直觉，以理解身体向你传递的信号。但请记住，只有你自己才能了解你的身体到底在告诉你什么。作为一本通用指南，本书提供了最常见且具有科学依据的信息。

在确定你的身体所传递的信息之后，露易丝和我将带你学习疗愈技巧，探查导致生病的众多原因。虽然我们不会在本书中给出具体的医疗建议，因为有效的医疗建议因人而异，但我们会提供案例研究，让你了解一些可以参考的基本医疗干预措施。更重要的是，我们将为你提供可以在一天中多次重复的肯定语，以及可以立即融入你的生活的行为建议。这些工具将帮助你改变思想和习惯，从而保证你的健康。

关于案例研究，有一点需要注意：这部分强调的是在单一情绪中心出现极端问题的人群。然而，重要的是要记住，大多数人并不只有一个问题——他们可能有很多问题，无论是不孕不育、关节炎、疲劳还是其他问题的组合。而在案例研究中，我们只关注与每个情绪中心相关的主要问题。如果要涵盖每个人生活中的所有失衡的问题和原因，那么本书就会成为一本百科全书，而无法让绝大多数人读懂。因此，如果你在书中"看到"了自己，无须惊讶。

在阅读过程中，你的直觉可能会产生强烈共鸣，也可能让你感觉略微不适，重要的是倾听内心所涌现出的声音，并与之共同努力。

在我的职业生涯中，我学到了两条非常重要的指导原则。第一，无论我们有多独特，无论我们的性格有多古怪，无论我们以往的情绪或身体状况如何，我们都有能力改善自己的健康状况。第二，我们应对每一种可能创造健康和幸福的治疗方式持开放态度。无论是维生素、营养补充剂、药物、手术、冥想、肯定疗法还是心理治疗，只要在你信任且具有高水平的专业人士的指导下使用，都能带来帮助。本书将帮助你找到适合自己的疗愈方法组合。

蒙娜·丽莎·舒尔茨

目 录

第 1 章　自我评估量表　　　　　　　　　　　　　　001

第 2 章　医学在治疗中的必要性和局限性　　　　　　015

第 3 章　第一情绪中心：对安全感和归属感的需求　　021
　　　　可能影响的身体部分：骨骼、关节、血液、
　　　　免疫系统和皮肤

第 4 章　第二情绪中心：对平衡金钱和爱情的需求　　053
　　　　可能影响的身体部分：膀胱、生殖器官、
　　　　腰部和髋部

第 5 章　第三情绪中心：对自我关注和自我价值的需求　079
　　　　可能影响的身体部分及相关方面：消化系统、
　　　　体重、肾上腺、胰腺和成瘾

第 6 章	第四情绪中心：对表达自我和情绪的需求	115
	可能影响的身体部分：心脏、肺和乳房	

第 7 章	第五情绪中心：对倾听和被倾听的需求	145
	可能影响的身体部分：口腔、颈部和甲状腺	

第 8 章	第六情绪中心：对现实世界和精神世界平衡的需求	171
	可能影响的身体部分：大脑、眼睛和耳朵	

第 9 章	第七情绪中心：对生命意义的需求	199
	可能诱发的身体疾病：慢性病、退行性疾病及致命疾病	

第 10 章	露易丝·海的身心疾病对应表	219

后 记	251
尾 注	253
参考文献	273

第 1 章　自我评估量表

露易丝和我与很多人合作过，这项工作中最重要的部分之一是我们的初始访谈——我们暂且称之为"了解你的过程"吧。这个过程可以让我们评估你现在的身体和情绪状况，并提示我们找到最佳方式来帮助你。

本章的测试将指导你自主完成评估。完成测试后，你会对从哪里开始自己的疗愈之路有更好的想法。

该评估共有七个部分，每个部分的问题涵盖了关于身体健康、生活方式的问题，请用"是"或"否"来回答每个问题。测试结束后，你可以参考评分指南评估自己当前的身心状况。找一位密友以你的身份也做这套测验，然后比较你们的分数。从外界的角度看问题对我们很有帮助，因为有时我们无法清楚地认识自己的生活。

―――― 测 验 ――――

● **第 1 部分**

身体健康问题:

1. 你有关节炎吗?

2. 你有脊柱问题、椎间盘疾病或脊柱侧弯吗?

3. 你是否患有骨质疏松?

4. 你很容易发生意外、出现肌肉痉挛或慢性疼痛吗?

5. 你有贫血、出血性疾病、病毒感染或疲劳倾向吗?

6. 你是否患有银屑病、湿疹、痤疮或其他皮肤病?

生活方式问题:

1. 你是否经常付出多于收获?

2. 你是否难以感受到他人的爱?

3. 当你看到别人痛苦时,你是否觉得自己必须拯救他们?

4. 你是否不习惯集体生活,或者缺乏社交能力?

5. 你在成长过程中被霸凌过吗?

6. 你在目前的生活中是否被霸凌?

7. 换季时,你的健康是否会受到影响?

8. 变化会让你紧张吗?

9. 你和他人之间的情绪边界是否很容易被打破?

10. 你是否或曾经是否觉得自己在家庭中格格不入或不被接受?

11. 别人遇到问题时都会自然地去找你帮忙吗?

12. 争吵后你是否倾向于与对方断绝关系?

● **第 2 部分**

身体健康问题（女性只回答问题 1 和 2，男性只回答问题 3 和 4）：

1. 你是否担心生殖器官（如子宫或卵巢）出现问题?

2. 你是否患有阴道炎或其他阴道疾病?

3. 你是否担心生殖器官（如前列腺、睾丸或其他部位）出现问题?

4. 你是否有阳痿或性欲方面的问题?

生活方式问题：

1. 如果你借钱给亲人，你是否很难开口向他们收取利息?

2. 你经常会因度假而刷爆信用卡吗?

3. 你是否对竞争充满热情，有人认为你过于好胜吗?

4. 你是否曾经因为职业选择而分手?

5. 你是否一直处于受教育程度很高但就业状况不理想的状态?

● **第 3 部分**

身体健康问题：

1. 你是否有消化系统问题，比如消化性溃疡？
2. 你有成瘾问题吗？
3. 你的体重超重吗？
4. 你是否患有厌食症或暴食症？

生活方式问题：

1. 你认为做面部护理是没用的吗？
2. 你是否容易吸引那些有成瘾问题的人？
3. 你是否知道你的腰间和臀部脂肪过多？
4. 你是否有强迫性的习惯，比如购物或饮食，并以此来平复自己的情绪？
5. 你的个人风格——着装、言谈举止，甚至说话方式是否落后于时代？

● **第 4 部分**

身体健康问题：

1. 你的动脉或血管有问题吗？
2. 你有动脉硬化吗？
3. 你有高血压吗？
4. 你的胆固醇水平高吗？

5. 你得过心脏病吗?

6. 你有哮喘吗?

7. 你有任何乳腺疾病吗?

生活方式问题:

1. 是否有人经常替你表达或解读你的情绪?

2. 有人说你太敏感了吗?

3. 你的情绪会受到天气和季节变化的影响吗?

4. 你在工作时哭过吗?

5. 你爱哭吗?

6. 你很难对所爱的人生气吗?

7. 你脾气暴躁吗?

8. 你是否会因为情绪失控而闭门不出或远离他人?

● **第 5 部分**

身体健康问题:

1. 你的下颌有问题吗?

2. 你的甲状腺有问题吗?

3. 你的颈部有问题吗?

4. 你经常喉咙痛吗?

5. 你还有其他咽喉方面的问题吗?

生活方式问题：

1. 你小时候很难听从指示吗？
2. 你现在很难听从指示吗？
3. 你是否很难集中精力接听电话？
4. 你是否常常在电子邮件中与朋友或爱人进行长时间的争论或误解对方的意思？
5. 你会因为想结束争吵而表示赞同对方吗？
6. 你是否有阅读障碍、口吃、语言学习或公开演讲方面的问题？
7. 相对于人，你是否更乐于与动物沟通？
8. 人们经常找你帮忙吗？

● **第 6 部分**

身体健康问题：

1. 你失眠吗？
2. 你偏头痛吗？
3. 你担心变老或看起来显老吗？
4. 你有阿尔茨海默病吗？
5. 你得过白内障吗？
6. 你感到头晕吗？

生活方式问题：

1. 在作文考试中，你是否控制不住字数？

2. 你在做多选题时有困难吗？

3. 你是否经常走神？

4. 当你需要学习新技术时会拖拉吗？

5. 你曾经历过严重的创伤或虐待吗？

6. 你能感受到大自然的力量吗？

● **第 7 部分**

身体健康问题：

1. 你患有慢性病吗？

2. 你被诊断出患有绝症吗？

3. 你患有癌症吗？

4. 你的生命是否已进入倒进时？

生活方式问题：

1. 你是否拥有一种奋发向上、不屈不挠的精神？

2. 你是否总是全勤，从不请病假？

3. 你是否对自己真正的人生目标感到迷茫？

4. 你是否经常遭遇一次又一次的生命或者健康危机？

5. 你的大多数朋友和家人似乎正在疏远你或以其他方式离开你吗？

得分

统计一下每个部分的"是"的个数即可。

● **第 1 部分**

第一情绪中心：对应骨骼、关节、血液、免疫系统和皮肤

0—6 个"是"：你在这个世界上真的很有归属感，你健康的骨骼、关节、血液和免疫系统反映了这一点。健康问题可能出在其他部分。

7—11 个"是"：你偶尔会遇到一些家庭问题，而关节的刺痛感、皮肤问题的困扰或免疫系统问题的不适感都会让你有所察觉。因此，请务必关注并努力控制这些问题，以免它们变得更严重。

12—18 个"是"：振作起来！是时候考虑如何获得家庭或其他团体的支持了。你需要关注第一情绪中心的健康状况，努力创造更安全的生活环境。请参阅第 3 章，了解你需要做些什么，来帮助你解决骨骼、关节、血液、免疫系统和皮肤问题。

● **第 2 部分**

第二情绪中心：对应膀胱、生殖器官、腰部和髋部

0—2 个"是"：你在经济和恋爱方面的能力确实很强，能在生活中游刃有余。由于你有能力平衡爱情和金钱，你的健康

挑战更有可能来自身体的其他部分。

3—5个"是":你在爱情和经济方面不太稳定。然而,偶尔的情绪波动或腰背疼痛可能意味着你需要找出某段不稳定的关系或某个财务问题。只需记得要保持警惕并努力不懈。

6—9个"是":你一直在因如何处理经济独立和亲密关系问题而挣扎。你的健康问题,如腰痛、髋部疼痛,或激素、生殖器官或膀胱问题,可能会给你直观的警告,你需要找到一种更好的方式来平衡金钱和爱情。立即翻到第4章,了解如何创造这种平衡。

● **第3部分**

第三情绪中心:对应消化系统、体重、肾上腺、胰腺和成瘾

0—2个"是":你天生就讨人喜欢,可以专注于自己的需求,但你又有足够的自律性和责任感来处理工作和履行对他人的责任。为你点赞。这很罕见。以你平衡自己身份的能力,你的问题更有可能来自其他身体部分。

3—5个"是":你偶尔会在工作和自尊方面遇到困难,可能只是偶尔出现消化不良、便秘、排便不规律或体重问题。因此,请密切关注这些方面是否日益失衡。

6—9个"是":你知道自己有自尊心过强问题。你一生都在奋斗,既要为事业拼搏,同时又要爱自己,这可能会导致你

有消化道和肾脏疾病,或者超重、成瘾问题。第 5 章可以帮助你学习重要的方法来改变你的思想和行为,从而在这个情绪中心获得健康。

● 第 4 部分

第四情绪中心:对应心脏、肺和乳房

0—4 个"是":你是那些罕见的人之一,能够照顾孩子、年迈的父母或任何人,并且仍然能保持头脑清醒。你天生具备强大的心理和情感品质。真是值得称赞!

5—10 个"是":你的心脏、呼吸系统或乳房问题可能预示着你对孩子或伴侣感到难过、焦虑或沮丧,但你不会被困扰太久。你拥有顽强的生命力,而且你知道如何振作!

11—15 个"是":小心!你一直都在努力管理自己在人际关系中的情绪,这可能会使你的生活看起来像一部肥皂剧或糟糕的真人秀节目。有时候你可能想逃离这一切,去寺庙里隐居。但是,重获健康并非遥不可及。请查看第 6 章,看看你能采取哪些方法来治愈自己。

● 第 5 部分

第五情绪中心:对应口腔、颈部和甲状腺

0—4 个"是":祝贺你拥有令人印象深刻的沟通技巧。你知道如何表达自己的需求，倾听周围人的观点。你了解自己，知道如何在坚强的同时富有同情心。这非常好。

5—8个"是"：你只是偶尔与朋友、孩子、父母、同事或伴侣有分歧。即使你们吵架了，你们的冲突也不会持续太久，你的颈部、甲状腺、下颌或口腔也不会出现健康问题。当一种沟通方式不起作用时，你会短暂地出现颈部、下颌紧绷或牙齿问题，这些问题可以快速帮助你考虑更好的沟通方式。

9—13个"是"：你可能不需要听我们说这些，但你一直都在努力让他人倾听和理解你。你也很难倾听周围人的声音。重要的是，你要学会在沟通时了解情况的方方面面——在倾听的同时，又能平和地表达自己的意见。第7章将指引你走向正确之路。

● 第6部分

第六情绪中心：对应大脑、眼睛和耳朵

0—3个"是"：你是怎么做到的？你是少有的天生就有稳定心态的人，不会纠结于未知之事。这可以称为"信仰"，或者说在生活中游刃有余。你学会了不去挣扎，随遇而安。你的大脑、眼睛和耳朵可能没什么问题。

4—8个"是"：你只是偶尔会有问题，与对未来感到悲观和狭隘的思想斗争。然而，你内心深处的声音最终会告诉你，你的想法于你无益。当你处于悲观的情绪中时，头痛、眼睛干涩或眩晕这些症状会很快引起你的注意，并迫使你以更健康的视角来看待你的世界。

9—12个"是"：深呼吸。你的问题的根源在于你始终在努力，想清楚地认识和感受世界的真实面貌。你需要扩大感知范围，使思维方式更具有适应性和灵活性。通过对生活的洪流持开放态度，放下你对生活应该如何的期望，你就可以拥有更健康的大脑、眼睛和耳朵。你可在第8章中了解更多这方面的内容。

● 第7部分

第七情绪中心：对应慢性病、退行性疾病和致命疾病

0—2个"是"：你生活稳定。你看到了他人的健康出现严重问题，但你仍然保持健康。请保持下去。

3—5个"是"：你只是偶尔会有健康问题。当你从医生那里得知不好的医疗诊断结果时，你的信念可能已经受到了几次考验。既然你以前有过这些经历，那么在你的身体再次面临这些戏剧性的情况之前，请留意你的身体可能试图告诉你的各种情形。

6—9个"是"：别担心，你不是一个人。你早就意识到自己需要帮助了。你冥想、祈福，并有一批医疗人员来帮助指导你渡过危机。然而，你已经疲惫不堪了。为了拥有更好的生活，你需要思考如何寻求改变和成长。在第9章中，与我们一起踏上探险之旅吧。

既然你已经评估了自己当前的状况，接下来让我们采取下一步行动，共同踏上健康之路吧。

第 2 章　医学在治疗中的必要性和局限性

　　一些读者被这本书吸引后,可能会倾向于放弃现代医学治疗方案。这可能是因为他们认为本书证明其他方案行不通,也可能是因为不大信任现代医疗体系。但根据我自己和我患者的经验,**现代医学治疗与药物是不可或缺的一部分**。

　　近些年来,世界各地的医疗保健发展经历了翻天覆地的变化。几个世纪甚至几千年来,谈到治疗时,人们主要依靠那些掌握释梦和直觉等特殊技术的熟练从业者。因为没有我们今天所使用的技术,他们只能依靠这些神秘技能来引导自己找到病因和治疗方法。例如,在古希腊,古代医生会进入一种迷离的、梦幻般的状态,凭着直觉获取患者的疾病信息,而不是请放射科医生进行磁共振成像或 CT(计算机体层摄影)扫描。治疗过程包括综合考虑患者整个人的情况,并试图让其平衡以恢复健康。

　　近年来,科学改变了这种以整体和平衡为主的健康观点。诊断测试、药物、专业医生和多项技术进步使人们变得更加健康。平均预期寿命已经延长了。孕产妇死亡率急剧下降。我们拥有可以消除可怕疾病的药物。想想 14 世纪中期欧洲所遭受的浩劫吧，黑死病（鼠疫）杀死了 1/4～1/3 的欧洲总人口。你能想象吗？黑死病仍然存在，但它的影响已经通过抗生素治疗降到最低。现代医学确实取得了惊人的成就。

作为医生和治疗师，我再次强调医学在治疗中的重要性。如果你生病了，应该咨询医生。这些专业人士有知识和技能，可以利用技术为你服务。他们可以对症下药。

但同时也要记住，医学也有其局限性。这就是我们写这本书的原因。

随着治疗领域的转变，许多人已经远离了与直觉经验的互动。科技带来的神奇疗法，似乎提供了更加现代和更加简洁的解决方案，但是请记住，技术也会犯错：验血和验孕经常会得出错误的结果，药物有副作用。事情总不免出错。

在我看来，只靠医学是不够的，仅凭直觉也同样不明智，我们必须综合运用各种技术，聘用各种专家，才能获得真正的健康。实际上，我的故事就完美地证实了医学、直觉和肯定语能够治愈我。

回到 1972 年，那时我 12 岁，家里经济压力很大，我们经常谈论钱的问题。在短短三个月的时间里，我患上了严重的脊柱侧弯，不得不进行手术。我还因脊柱侧弯而出现了心脏肥大和肺功能下降。那次手术效果显著，医生使用钢板和螺钉挽救了我的生命。

我记得手术前，我走在波士顿的朗伍德大道上，仰望着高耸的医院大楼，对每一个听我说话的人说："将来，我会回到这里，学习医学和科学。"那次手术改变了我的未来。医生们运用医学拯救了我的生命，因此，我立志成为一名医生和科学家，这样我也能够拯救他人的生命。

但生活总有不尽如人意的时候。作为一名医学预科生，我患上了嗜睡症，导致我的意识时常不清醒，也影响了我的智力。我无法在课堂上保持清醒。我成为医生和科学家的梦想看起来要泡汤了。毕竟如果我无法长时间睁眼，我就无法提高成绩。

于是我又求助于医学。医生们再次帮助了我，他们找到了一种能让我保持清醒的药物。但是因其具有致命的副作用，我很快就不得不停止服用了。遗憾的是，我所依赖的医学界再也没有其他可以帮助我的方法了。

这一变故开启了我对其他治疗方法的系列探索。我尝试了你能想到的各种方法：替代疗法、补充疗法和综合疗法。我尝试了中草药、针灸，甚至长达三年的长寿饮食法。这些方法都对我有一定的帮助，但没有一个能完全帮助我保持清醒。

这次探索的一个奇妙之处在于，我通过向一位医学直觉者寻求帮助，了解到了我大脑的直觉功能。

但是，这些咨询对我的帮助都是有限的。我的健康还有一个问题没有得到解决——我的情绪。我发现了一个模式。如果我长时间对某件事生气，或者身边有人令我心烦、愤怒，我的嗜睡症很快就会发作，我会在24～48小时内控制不住地想要入睡。相信我，我计算过时间，总是24～48小时。我也发现，如果我对某件事感到不安，或者周围人焦虑、紧张，我也会感到困倦，而直接睡着！悲伤或抑郁的人也有这种情况。

有一天，我走进一家书店，发现了露易丝那本小蓝书。虽然我已经意识到某些思维模式与疾病有关，但我不知道如何运用这些知识来恢复健康，除了避开某些人或情况，这在长期来看并不切实际。但是，露易丝的书给我提供了所需要的工具，以消除那些我知道可能会诱发我的健康问题的消极思维模式：肯定语！

这绝对值得一试。传统医学、替代疗法和补充疗法虽然缓解了我的症状，但并不能完全解决问题，回避他人或我自己的情绪已经让人筋疲力尽。因此，我拿出一个笔记本，并用精心挑选的笔开始写一些与我的健康问题有关的肯定语：

我选择把生活视为永恒和快乐的。我爱真实的自己。

我，蒙娜·丽莎·舒尔茨，依靠神圣的智慧和引导来保护自己。我是安全的。

这些都是露易丝·海的经典肯定语。我一遍又一遍地重复这些话，慢慢地，我的失眠症状减轻了。我顺利进入了医学院，并获得了医学博士学位。如果没有这些肯定语，我不可能成功。

这些年来，我的健康状况时好时坏。（大家不都一样吗？）每次情绪低落时，我都会求助于传统医学和综合治疗。我也会拿出露易丝·海的书，用直觉来发现我生活中的不平衡。这种组合治疗屡试不爽。

这就是我保持健康的方式——医学、直觉和肯定语。这也是我帮助他人的方式。

最近，我从12岁时开始出现的脊椎问题开始恶化。我开始像比萨斜塔一样向前躬身：只能站成70度，始终面向地面。我在亚利桑那州菲尼克斯看过的外科医生说，这是直背综合征，是我近40年前做过的脊柱侧弯手术的并发症。我走不了远路，也不能举起我的手臂。直觉告诉我要重新评估我生活中的结构和支持，我照做了。在精神导师和朋友的帮助下，我审视了自己的人生目标。我也曾与一位中国针灸师和气功大师合作过，但这些疗法的作用有限。

我仍然希望能够走路。外科医生说必须做手术，否则我就要坐轮椅了。所以在2012年2月13日，我进了手术室。手术期间一根异常的静脉血管破裂，我险些丧命。幸好医学再次救了我的命。外科医生为我止血、抢救，并修复了我的脊柱，让我长高了约 8 厘米。他让我重获新生。

我很想告诉你，医学本身如此整洁、有序、理性，就是救命稻草。我在重症监护室住了两周多，在医院住了四周。可以说，康复很艰难。但现在我比以前好多了。那么，是什么让我重新振作起来的呢？当然，我使用了药物，除此之外，我通过直觉找出了增强体质、在生活中创造平衡的方法。我大量依赖于肯定语疗法来转变我的思维。相信我，思维确实需要改变！这就是疗愈整个人、创造持久健康的方法。单靠医学是不够的，单靠直觉或肯定语疗法也不行。只有采取平衡的方法，才有可能痊愈。

第3章　第一情绪中心：
对安全感和归属感的需求

可能影响的身体部分：

骨骼、关节、血液、免疫系统和皮肤

第一情绪中心的健康，一定程度上与你从周围世界体会到的安全感有关。如果你在成长过程中没有得到来自家人和朋友的支持，你的骨骼、关节、血液、免疫系统和皮肤可能会反映出与不安全感相关的问题。使这个情绪中心保持健康的关键是平衡好自己的需求与生活中有意义的社会群体的需求。家人和朋友、工作和你所在的社群都需要消耗你的时间和精力，但也应该以友好、安全和保障的形式给予你回报，应该提供一种归属感。这些都是人们寻求其他人和群体支持的原因。然而，你永远不应让群体的需求掩盖你自身真正的需求，尤其是与健康相关的需求。

当你无法从消耗了大量时间的人际关系或活动中获得你所需要的东西时，你的身心就会向你发出警告。起初，迹象可能只是疲劳、皮疹或关节疼痛等轻微问题。第一情绪中心的轻微问题可以作为预警，提示你的健康已偏离轨道。然而，忽略身体的警告将导致第一情绪中心的失衡，这可能会给你带来伤害，增加患上慢性疲劳综合征、肌纤维疼痛综合征、骨性关节炎、类风湿性关节炎、EB 病毒（人类疱疹病毒 4 型）、肝炎（甲型、乙型或丙型）、单核细胞增多症、莱姆病、过敏、皮疹、银屑病、关节痛及红斑狼疮等自身免疫性疾病的风险。

身体的疾病与内心的不安在一定程度上息息相关。举个例子，当家庭重任压得你喘不过气来，导致你忽视了个人需求时，你的内心会滋生不安全感，而这可能会使你的骨骼出现问题。绝望与无助也可能会带来血液问题。孤独感与被亲人排斥的痛苦一定程度上会影响免疫系统。如果无法与他人保持界限则可能会引发皮肤疾病。在接下来的内容中，我们将会具体介绍不安全感可能会对身体各组成部分所产生的影响。总而言之，你需要牢记：重视身体的警告并做出改变是很重要的。我们应关注缺乏安全感的根源，改变那些可能加重你疾病的思想和行为模式。

第一情绪中心的肯定语与科学

肯定思维的重要性体现在哪里呢？如果你从根本上不相信自己有能力或值得拥有情感支持与安全感，那么仅仅依靠药物将无法根治你的疾病。解决导致健康问题的潜在信念是拥有健康的关键。如果你正在经历骨骼、关节、血液、免疫系统或皮肤的疾病，你可能有以下消极想法：

- 我无法独立自主；
- 我得不到他人的支持；
- 我感到沮丧、无聊、绝望与无助；
- 我孤身一人，没有人爱我。

这正是肯定思维的用武之地，它会帮助你改变这些消极想法。如果你用肯定思维来解决消极的思维模式和信念（如怀疑和恐惧），并结合应用科学的医疗知识，你的健康和情感生活将会发生巨大的变化。

看看与第一情绪中心所对应的身体部分的疾病相关的肯定思维，你会发现它们与构建支持、奠定健康基础、营造安全感、打造合理的生活结构、促进家庭和谐、积极运动以及保持机敏等方面息息相关。骨骼的健康在总体上反映了你的生活结构，以及你如何充分利用他人提供的支持。当你感受到爱与支持时，你的脊柱一定程度上将变得坚实有力、灵活自如。相反，生活中缺乏支持和安全感可能会增加骨质疏松和骨折的潜在风险。

缺乏安全感不仅与周围人际关系有关，也与你内在的脆弱性有关。露易丝指出，无法独立生活与免疫系统功能减弱、易感染病毒之间存在一定相关性。这可能是感染 EB 病毒和单核细胞增多症等疾病发生的间接原因之一。她将其称为"内在支持耗竭"。如果研究一下相关生物学基础，就会发现免疫抑制往往是由于骨髓出现了问题，而骨髓负责产生新的血细胞，是支持免疫系统的淋巴系统的关键组成部分。

科学能告诉我们身心健康与肯定思维之间有何联系吗？

家庭作为归属感的来源，对我们的身体健康至关重要。[1] 社会交往在我们身体健康的日常调节中扮演重要角色。在被孤立时，我们失去群体互动中存在的代谢调节因素，这可能会导致我们的生活节奏失控，并对我们第一情绪中心的健康产生不良影响。[2]

研究显示，归属感具有生物学基础。有一种可以在共同生活的人之间传递的真实的生物营养素，对身体和代谢会产生影响。[3] 我们身体的节律与睡眠、饮食、梦境、激素、免疫功能、皮质醇水平、心率和内分泌系统有关，受到这些因素的影响。当人们生活在同一环境中，身体的节律会变得同步且有规律。比如，在家庭中，全家人一起吃饭、休息、交谈、娱乐、工作，这使全家人的生物钟同步。例如，一项研究表明，共同工作的 B-52 轰炸机机组成员的应激激素水平相近。[4]

当你失去这种归属感的滋养时，孤独感及有意义的关系缺失会引发失望、无助和绝望，并损害你的身体健康。毫不夸张地说，当你陷入抑郁时，免疫系统会出现炎症反应。长期的绝望、失落可能会导致慢性抑郁，此时免疫系统会释放出皮质醇、IL-1（白细胞介素-1）、IL-6（白细胞介素-6）和TNF-alpha（肿瘤坏死因子-α）等炎性细胞因子。这些因子将引发关节疼痛，让你感到疲惫，犹如患了流感，更增加了你患骨骼（包括骨质疏松症）、关节、血液和免疫系统疾病的风险。[5]

另一个因缺乏归属感而影响健康的例子来自那些过早与父母分离的人，或者在母亲抑郁或母亲无法陪伴的情况下长大的人。这些人容易患抑郁症和免疫系统功能失调。由于早期经历痛苦的分离，他们无法克服自己在这个世界上的孤独感。[6] 他们常常在不知不觉中发现，自己又感受到在情感上、营养上和生物学上最初被遗弃的感觉。他们过着贫穷、节俭和孤独的生活，这在一定程度上导致了一种匮乏感。持续经历的绝望最终使他们更容易患上癌症。[7]

安全感的缺失也可能是由生活中的巨大打击所引起的，如失去挚爱的亲人、突然且痛苦地搬家，或其他让人感到迷茫的事。这让人感觉自己就像一株被连根拔起的植物，痛苦地背井离乡，被送到陌生的地方。从更为客观、理性、科学的角度解释，面对这些时刻，我们可能同时会失去身体的"根"，也就是我们的头发。与家人之间产生相关的混乱（矛盾）可能会增加脱发的风险，更不用说银屑病等其他皮肤问题了。[8]

正如前文所提到的，拥有稳固的社交关系对我们的健康至关重要。科学已经证实了这一点,并指出"社会融合",即广泛的社交网络和社会支持有助于增强我们的免疫系统。实际上,研究发现,更广、更好的人际关系意味着我们的身体会生成更多、更健康的白细胞,从而帮助我们抵抗疾病,保护我们远离各种健康风险,包括关节炎、抑郁症和结核病等疾病的进一步恶化。社会交往在一定程度上还可以减少人们对药物的需求,并推动康复进程。[9]

还有研究表明,与那些只有不到三个朋友的人相比,拥有更多朋友的人更不容易受感冒和病毒感染的影响。实际上,拥有六个或更多朋友的人更少感冒,感冒症状也相对更轻。[10]

这个结果是不是出乎你的意料?你可能会认为拥有更多朋友会导致更多的病菌接触,从而更有可能感冒。对于我们患感冒和被病毒感染的原因,细菌与病毒学领域并没有统一的答案。朋友较少的人更容易感染细菌和病毒,可能是因为他们在大部分时间里独自承受压力和缺乏支持。长期的压力会导致肾上腺释放去甲肾上腺素,从而抑制免疫系统。实际上,研究表明,与吸烟者或肥胖者相比,朋友较少的人面临更大的健康风险。他们的皮质类固醇水平更高,免疫系统更容易受到抑制,因此他们更容易受到慢性疲劳、肌纤维疼痛综合征、类风湿性关节炎、红斑狼疮、HIV(人类免疫缺陷病毒)、频繁感冒和感染以及骨质疏松症的影响。[11]

抑郁的思维模式也具有重大影响力。抑郁症增加了骨质疏松的风险,相当于长期低钙摄入或吸烟的影响。[12] 因此,下次当你再看到电视广告或杂志广告宣传防止骨质流失的钙补充剂时,你也应该考虑改变生活方式和使用肯定语来维护自己的身心健康。

如果他人不喜欢你,你又因社交恐惧而选择封闭自己,那么你必须积极地尝试改变自己根深蒂固的思维模式。否则,你的骨骼、关节、血液、皮肤和免疫系统可能向你展示孤独的危害。关于这方面的科学和医学的知识已经比较完备。那么,我们如何才能真正治愈自己呢?

骨骼与关节问题:提醒你平衡自我需求与他人需求

那些患有关节炎、骨折、骨质疏松、背痛、关节痛或椎间盘突出等骨骼和关节问题的人,可能是被照顾家人或朋友的责任压倒的,因为他们总是先关注别人的需要。他们如此痴迷于照顾他人,以至没有能力保护自己。如果你也是数百万患有骨关节疾病的人之一,那么你需要明确在与亲友的互动中,是什么让你感到不安全或无助。如果你要完全康复,就需要解决这些行为模式和观念。

身陷第一情绪中心问题的人仍然是有希望康复的。利用药物和肯定语来处理身体发出的直觉信号,可以让你拥有一个强壮、健康的身体。虽然医生可以给你提供明确的指导来解决疾病问题，但想要长期保持健康，仅依赖处方药是不够的。关键在于改变那些诱发疾病的消极思维模式。就骨关节问题而言，肯定语是："我带着爱与过去和解，他们是自由的，我也是自由的。我能够自我决定，我爱自己也认可自己。生活是美好的，此刻我的内心一切安好。"

第一情绪中心与健康相关的肯定语的主题通常与在家庭和其他社会群体中营造安全感有关，根据你骨骼或关节问题所在的具体身体位置，你需要的肯定语会有所不同（详见第 10 章）。举个例子，如果你整个背部都感到疼痛，那么你可能在支持方面存在普遍问题。然而，如果只是某个特定部位感到疼痛，那么你寻求的肯定语可能更为具体。比如，如果你患有长期慢性腰痛，你可能有经济上的担忧，而上背部疼痛可能与感到极度孤独、缺乏充分的情感支持有关。

露易丝还研究了骨骼和关节之间可能出现的疾病，并且这些疾病也能通过不同的肯定语从心理上缓解病人的痛苦。在缺乏支持的家庭环境中受到批评时，一些人更易患上关节炎。因此，对那些身处糟糕家庭环境中的关节炎患者来说，积极的肯定语可以是："我是被爱着的，我现在选择爱自己和认可自己，并且我将以同样的爱对待他人。"

当你努力转变思维模式，迈向更健康的心态时，需要注意平衡自身需求与家庭或其他社会群体的需求。你曾感到被这些人利用吗？你是不是没有为自己发声？在朋友和家人之间，你是否付出的多而得到的较少？记住，为了让自己感到安全和有依靠，除了给予他人安全感和依靠，你还要学会保护和支持自己。切记，你并非每个人的唯一求助对象，他们也可以向其他人寻求帮助和建议。对你而言，如果你难以抽身，也许可以考虑加入一些小组，如匿名互助协会，或其他能够帮助你学会平衡自己的需求与他人的需求的团体。

请牢记，爱家人的同时，也要爱自己。在关心和照顾朋友的同时，也要留出时间来审视自己的生活，并积极做出改变。要将自己本身视为自己最好的朋友，并且不要忽视这种关系。我们都有忽视自己需求的时候，但关键是在更严重的健康问题出现之前，识别并纠正这种行为。

临床档案：骨骼与关节问题的心理之伤

17岁的安德莉亚从8岁起就负责照顾她的5个弟弟妹妹。她的父母无法照料孩子时，安德莉亚便承担起照顾家庭的重任。她为了照顾弟弟妹妹而做出了巨大牺牲。她一次又一次地牺牲自己的需求甚至安全，也从未有机会享受无忧无虑的童年和建立独立的人格。

由于年龄太小，无法胜任代理妈妈的职责，安德莉亚从小就出现了一系列的健康问题——她的脊柱出现轻微弯曲，需要接受支架治疗。当家庭压力变得难以承受时，她常常感到关节和背部疼痛。这种疼痛在她父母去世后变得更加严重，她还患上了蝶形红斑。这促使她去看医生，最终被诊断出红斑狼疮。多年来，她的不安全感持续通过骨骼和关节问题发出警示，然而她一直因肩负家庭责任而忽略了这些问题。

我们为安德莉亚做的第一件事就是建议她进行一项特定的检测，来确认她是否真的患有红斑狼疮。她去看了内科医生，医生要求安德莉亚进行一项检查，检测ANA（抗核抗体）是否阳性。在红斑狼疮发作时，患者机体中的细胞几乎可以"攻击"身体的每一个器官，无论是相对轻微的情况（如发热，骨骼、关节、皮肤或甲状腺疾病），还是更严重的情况（如肺部、肾脏和脑部疾病）。

如果这项检测和其他血液检查多次显示阴性结果，红斑狼疮就不会是问题所在。检测结果呈阳性，所以我们确认了红斑狼疮是引起她疼痛的原因。除了ANA检测，医生还进行了血细胞计数检查，并评估白细胞总数、红细胞总数以及血小板总数。通常情况下，这些数值在红斑狼疮患者体内会有所降低。

红斑狼疮和大多数自身免疫性疾病一样，会呈现起伏不定的状态，会出现关节痛、皮肤黏膜损害、呼吸困难、疲乏和其他症状的发作期，然后是无症状的稳定期。我们对安德莉亚的治疗指导是让她的免疫系统进入稳定期，包括控制那些产生攻击组织的抗体细胞。我们的治疗计划旨在让这些细胞进入一种"休眠"或平静的状态。

我们与安德莉亚和其他医生共同制订了一种更为综合的治疗方案，以涵盖所有的医疗选择。尽管安德莉亚患有红斑狼疮，但并未达到最严重的程度，所以无论是否使用药物，她都在努力稳定病情。在与内科医生讨论利弊之后，安德莉亚决定开始服用类固醇泼尼松以减轻由自身免疫系统引起的炎症反应。然而，泼尼松是一种强效药物，会对骨密度、体重、血压、皮肤、毛发、血糖、情绪、睡眠、眼睛以及消化道产生多种副作用。虽然目前安德莉亚无须服用这种强劲的药物，但若将来她的症状加重，就可能不得不考虑服用免疫抑制剂类药物，例如氨甲蝶呤、硫唑嘌呤或苯丁酸氮芥，这些药物都有一系列副作用。

为了减轻她所服用的药物对身体产生的副作用，我们建议安德莉亚去尝试针灸和中医。我们还建议她服用钙镁补充剂、维生素 D 和优质的复合维生素。为修复受损的身体细胞，她可以考虑服用 DHA（二十二碳六烯酸）以及一种名为雷公藤[①]的草药，

[①] 雷公藤：毒副作用较强，须严格在医生指导下使用。——编者注

每天用其根茎来调节免疫系统，缓解红斑狼疮的症状。然而，像其他强效药物一样，草药也可能带来副作用。雷公藤可引起可逆的激素水平变化，可能导致闭经和不孕等问题，因此必须在医疗团队的监督下使用。

我们还要求安德莉亚注意减少某些食物的摄入，特别是可能加重红斑狼疮的苜蓿芽。我们建议她与营养学家合作，看看是否还有其他可能会加重她症状的食物。幸运的是，就这一种。

最后，我们开始关注安德莉亚可能引发疾病的思维模式和行为。我们鼓励她对疾病保持积极的态度。面对不同疾病，可以使用以下肯定语。

针对红斑狼疮

- 我能自由而轻松地为自己发声。
- 我能自己做主。
- 我爱自己，认可自己。
- 我是自由和安全的。

针对骨骼健康

- 在我的世界里，我是唯一的权威，因为我是唯一能用我的头脑思考的人。
- 我的身体状态良好且平衡。

针对脊柱侧弯

- 我能放下所有的恐惧。
- 我愿与生活同行。
- 生活是属于我的。
- 我站得很直,充满爱意。

针对背痛

- 我知道生活总是会给我支持。
- 我所需要的只是得到照顾。
- 我很安全。

针对关节疼痛

- 我能顺应变化。
- 我总是朝着最好的方向前进。

针对红斑

- 我以喜悦和平静的心态保护自己。
- 过去会被原谅和遗忘。
- 我此刻是自由的。
- 我感到做自己很安全。

同时，她也遵循了本章前面提出的建议，学会了平衡个人需求和家庭需求。她积极参加了匿名互助小组会议，并开始通过写日记来梳理自己的情绪。安德莉亚勇敢地练习向最亲近的人表达自己的需求。几个月过去了，安德莉亚在情绪和身体上都感觉良好，我们深信她已经可以很好地应对红斑狼疮所带来的挑战。

血液问题：提醒你需要更多外部支持

患有贫血、出血、淤青或其他血液问题的人常常感到自己的人生已经跌到了谷底。他们孤立无援，没有家人和朋友的支持。他们变得非常不稳定，以至不信任任何人。他们似乎处在一种持续混乱的状态中。如果这听起来像在描述你，那么你的健康取决于你是否有能力把自己从这绝望的深渊中解救出来，并在生活中建立某种秩序与平衡。

血液疾病涉及的范围很广，涵盖了从贫血到急性白血病等多种疾病。其中一些疾病是良性的，这意味着它们完全可以通过治疗痊愈，不会危及生命。而其他疾病，如镰状细胞贫血、急性白血病或某些淋巴瘤则较为严重，因为它们会导致慢性疾病或直接危及生命。

血液问题的起源可能十分复杂，因为许多问题与第一或第四情绪中心的失衡有关。比如，缺乏情感滋养是第四情绪中心的问题，它会影响心脏、动脉和静脉等血液流经的器官。因此，问题往往出自第四情绪中心对应的身体部分而非血液本身。对于高血压和动脉阻塞等心血管疾病，请参阅第6章。本节旨在帮助改变与第一情绪中心血液问题相关的消极思维模式和行为。

这个过程的第一步是识别你的身体向你传达的关于疾病背后的情绪信息，再以肯定语来促进你的健康。例如，贫血既来自缺乏快乐和对生活的恐惧，也囿于一种潜在的信念，即自己不够出色。因此，为了解决这种不快乐感和不安全感，你可以坚定地说："我可以安全地在生活的每个领域体验喜悦。我热爱生活。"所谓内伤，就是被生活中的小磕绊绊倒后，不是拍拍土站起来，而是蹲在原地不停责怪自己。要提醒自己，你是值得被原谅和被爱的，请默念这句肯定语："我爱惜并珍视自己。我能温柔地对待自己，相信一切都会好起来的。"出血问题可被视为快乐的流失，而愤怒往往与这种出血相关。如果你有这样的感觉，请试着用"我在和谐的韵律中表达并接受生命中的快乐"这句肯定语平息愤怒，重拾生命中的喜悦。血液的凝结象征着快乐的停滞。如果你在情绪上感到被阻塞，可以试着重复："我于内在唤醒新生，生命之流自在奔涌。"

在血液领域，健康问题不仅反映了你的感受，也映射出周围环境的混乱——无论是原生家庭的隐痛、亲密关系的旋涡，还是职场强权的重压，直觉告诉你，你的身体，尤其是你的血液，正在向你发出需要更多支持的信号。为了建立稳固的基础，你必须竭尽全力。即使这会让你感到不适，也要积极向身边人寻求支持。依靠家人、朋友和社区，对于第一情绪中心的健康非常重要，这是一个循序渐进的过程。从小事做起，可以先请求他人帮些小忙，而不要一开始就要求他人提供大的帮助。每得到一次帮助，你会对你拥有的人际关系产生更多的信任。而如果有人一次又一次地让你失望，你将更加珍惜生活中真正的朋友。你的目标是与坚强可靠的人建立友谊，同时在自我支持和接受他人帮助之间找到平衡。

临床档案：血液问题背后的心理之伤

丹妮丝童年时受父亲赌博成瘾的困扰，为躲避债主而颠沛流离，食不果腹，丹妮丝和她的兄弟姐妹几乎每天都饿着肚子去上学。

二十来岁时，丹妮丝遭受男友暴力对待。她身上多处受伤，但她一直瞒着家人和朋友。一天早晨，丹妮丝醒来时发现自己几乎无法行走。她非常疲惫，连打电话求助都做不到。最终，医生诊断她患有严重贫血。

在与丹妮丝的交谈中,我们发现她的身心都已经陷入了低谷。她渴望家庭的支持,但从未真正得到过,因此她也不知道如何在其他地方获得这种支持。对丹妮丝来说,这个世界显得危险且孤独,她甚至无法相信自己最亲密的朋友。在与朋友和家人相处时,她充满同理心且善解人意,他们遇到问题都会求她帮忙。然而,她对他人的需求过于敏感,以至容易吸收身边人的情感和身体上的痛苦。由于多年来她始终如此,却未曾为自己内心的恐惧找到情绪宣泄的出口,她的身体开始对压力产生反应。

丹妮丝在情绪和身体上都处于"贫血"状态,因此识别她正在经历的与血液有关的"泄漏"变得尤为重要。通过一次心理咨询,我们可以看出她在与男友和家庭的不健康的亲密关系中消耗了过多的生命力。下一步是确定她体内的"泄漏"发生在哪里,并弄清引发她红细胞流失和贫血的原因。我建议丹妮丝去看医生,并接受全血细胞计数检查。这个检查可以分析她血液中所有的成分,以帮助我们了解贫血的原因。

很多医生尝试通过给患者服用铁剂来治疗所有贫血病例。然而,忽视贫血的潜在原因可能会导致更严重的问题。

人们出现贫血症状有以下三种原因。

1. **红细胞减少**:这可能源于外伤(丹妮丝曾遭受暴力,但我们不清楚有多严重)、胃溃疡、月经量过大、尿血或内伤。

2. **红细胞生成不足**：这可能是由于缺铁（这也是为什么医生通常要求补铁）；遗传因素，包括地中海贫血；药物使用，包括酒精；慢性疾病，如甲状腺功能减退、肾上腺激素偏低、慢性肝炎、维生素 B_{12} 和叶酸缺乏（大细胞性贫血）。
3. **红细胞破坏**：这可能源自脾肿大、红斑狼疮、青霉素或磺胺类药物的副作用、单核细胞增多症或其他病毒感染。

从丹妮丝的年龄（尚未到绝经年龄）来看，大多数人可能会认为她的贫血是月经量过大造成的。如果真是这样，补充铁剂会很合适。然而，通过分析她的全血细胞计数检查结果，我们发现未成熟的红细胞（网织红细胞）的数量非常少，这意味着她的身体无法制造足够的红细胞。贫血问题并不是缺铁、失血或月经量过大引起的。通过观察她红细胞的大小（丹妮丝的红细胞比正常的红细胞大），丹妮丝的医生发现她患有一种非常罕见的疾病，叫作大细胞性贫血。这种贫血是她饮食中的维生素 B_{12} 含量低，并且她长期处于压力之下，以及服用抗酸药物导致维生素 B_{12} 吸收不良所引起的。为了验证我们的怀疑，我们进行了另一项血液检测，测量了她的维生素 B_{12} 水平，发现我们的推断是正确的。

在护士的照顾下，丹妮丝定期接受维生素 B_{12} 的注射，直到她的维生素 B_{12} 水平恢复正常。她开始服用一种药用级复合维生素 B，

并定期进行维生素 B_{12} 检测，以确认维生素 B_{12} 吸收正常。

为了改善维生素 B_{12} 的吸收问题，我建议丹妮丝咨询针灸师和中医，以解决她的焦虑和胃灼热问题。除了就她与男友之间的压力源进行关系咨询，丹妮丝开始服用中药，其中包括白术、当归、党参等，在此就不一一列举了。

丹妮丝也开始使用肯定语。

针对一般血液健康问题
- 我可以自由地表达和接纳生命的欢愉。
- 充满活力的新灵感拂过心田，在我内在的天地间畅行。

针对贫血
- 我可以安全地在生活的每个领域体验喜悦。
- 我热爱生活。

针对疲劳
- 我对生活充满热情、活力和激情。

通过努力改变心态，释放恐惧，丹妮丝开始意识到自我价值，找回了生活的快乐。在六个月内，她的贫血问题就得到了解决。

免疫系统紊乱：对信任、安全与自我关爱的需求

那些有免疫系统相关问题的人，比如对食物和环境过敏的人、频繁患感冒或流感的人，以及有更严重的自身免疫性疾病患者，常常感到与周围环境格格不入，陷入孤独。这些人会自我孤立，因为在很多情况下，他们感觉自己的需求与周围人的需求不符，这使得他们无法顺利社交。即使是一对一交往，这些非常敏感的人也做不到，因此他们无法建立和维持能给他们带来安全感的人际关系。这种疏离感让他们觉得全世界在与他们作对。

如果你患有过敏和免疫系统疾病，请振作起来！目前有一些医疗方案可供选择，包括服用一系列药物和草药补充剂。然而，我们对这方面的科学认识仍不完善。我们鼓励人们探索减轻压力的方法，因为压力常与免疫系统紊乱相关。要做到这一点，首先要关注健康问题与情绪之间的联系，并将具有疗愈性的积极肯定的情绪治疗纳入治疗方案，这对实现和维持健康至关重要。在这一过程中，信任、安全感和自我关爱是这类疾病贯穿始终的重要主题。

正如所有其他领域一样，你的肯定语会因自身思想、行为和疾病而异。例如，容易过敏的人可能会告诉自己，他们对所有的人和事都过敏，或者说他们无法掌控自己的生活。这些消极的想法可以用下面的肯定语来代替："这个世界是安全且友好的。我

很安全。我的生活很平静。"

如果你容易感染像EB这样的病毒，你可能会担心自己不够好，觉得自己的内在支持正在被耗尽，或者没有得到周围人的爱和欣赏。为了改变这种心态，露易丝建议使用的具有疗愈性的肯定语是："我很放松并认识到自我的价值。我已经足够好了。生活是轻松和愉快的。"

经常感染流感的人往往会对群体的负面情绪存在高敏反应。他们可以通过肯定语来化解这种负面情绪："我超越了群体信仰或时间限制。我不会受到任何阻碍和影响。"对那些患有单核细胞增多症的人来说，消极思维与未能获得爱而产生的愤怒有关。具有疗愈性的肯定语是："我爱自己，欣赏自己，能照顾自己。我已经足够好了。"

你还必须审视你在日常生活中的行为。你是否把自己封闭起来，不与他人交流？你是否觉得没人理解你？首先，你需要明确哪些事或人让你感到被拒绝、被批评或被评判。尽管人们可能做事和表达都不那么得体，但大多数时候他们表达的都是一种合理的需求。你要尝试理解情绪背后更深层的需求，这可能有助于缓解正在发生的事情或他人的言论所带来的刺痛感。它还能帮助你在现实生活和精神世界都更宽容。生活中的行为可以比作白细胞对抗和攻击外来物质的过程。因此，锻炼情绪承受力通常也会转化为身体承受力的提升，从而创造出更强大的免疫系统。

另一个重要的行为改变是主动融入人群。就像之前提到的，从小事做起，每周参与一次聚会，让你不再感到孤单。循序渐进地融入社交圈子会让事情进展得更顺利。你可以尝试参与各种活动，比如游戏俱乐部、兴趣小组甚至家庭聚会，这些活动都会让你明白，这个世界并非与你为敌。

关注健康的这两个方面——身体和情感，你就会开始用新的视角看待世界。你的情绪将更加稳定，也会感到更加满足。你会开始考虑集体的需求和自己的需求。你不再总认为自己遭到背叛和攻击，而是会以冷静和恰当的情绪来应对挑战。你会看到他人身上的价值和安全感。最后，你会在对自己、家人、朋友和同事的责任间找到平衡。这种平衡是第一情绪中心健康的关键。

临床档案：免疫系统疾病背后的心理之伤

32岁的拉里从小就害羞、笨拙，大部分时间都是一个人度过的。他的兄弟们觉得他很古怪，这让他觉得自己是家里的外人。当他开始独立生活时，情况并没有好转。在工作中，他总是独来独往，很快就被别人认为是难以接近的人。

拉里一直饱受过敏问题的困扰，这些年来情况越来越严重，他患上了更复杂的免疫系统疾病。有一天，拉里发烧了。他感到疲惫不堪、发热、浑身疼痛。最后，他被确诊患有单核细胞增多症，并感染 EB 病毒。

拉里很难获得安全感和安定感，这导致其患有强烈的社交恐惧症和过敏症。他的社交恐惧症所引发的身体症状是：身体的防御机制功能紊乱，好似免疫系统中的白细胞对外来物质的反应一般。他的过敏症所引发的身体症状是：皮疹、流涕、眼睛发痒，以及肠易激综合征等，这些都属于免疫功能障碍的范畴，因为这些症状来自白细胞对外来物质的反应。当他的身体认定外来物质为威胁时，白细胞便释放出一些刺激性物质，如组胺、白三烯和前列腺素，以攻击可能的过敏原。这些化学物质的释放引发了炎症反应，同时伴随着眼泪和鼻涕、哮鸣和打喷嚏、瘙痒和肌肉抽搐，以及消化不良等症状。

有了健康的免疫系统，身体就能耐受过敏原，而不会受到如此强烈的攻击，这意味着症状表现得更加轻微。

由于拉里存在多种过敏反应，我们为他提供了一些标准的医疗选择。

1. **限制接触**：这种方法的目标是远离会引起症状的过敏原。对大多数人来说，这只能得到暂时的缓解。他们可能在一两个月内有所改善，但很快会再次出现哮鸣、打喷嚏和瘙痒。此外，不经常接触过敏物质会进一步削弱免疫系统，从而导致身体更加不耐受这些物质。这样下去会使生活越来越受限和受控。

2. **药物治疗**：市场上有许多药物可以对抗过敏反应。和限制接触过敏原的方法一样，这种方法并不能解决过敏的根本问题，只是治疗了症状。对于轻度过敏症状，抗组胺药物（如苯海拉明、地氯雷他定、羟嗪、盐酸非索非那定片等）是不错的选择。这类药物通过抑制组胺的释放来发挥作用。需要注意的是，抗组胺药物只适用于70岁以下的人群，因为它们可能导致老年人出现记忆和排尿问题。除抗组胺药外，还有一些针对白三烯分泌的药物，包括孟鲁司特钠片和扎鲁司特片。口服、局部使用和吸入类固醇是治疗最严重过敏病例的主要药物。其他药物虽能通过阻止组胺和白三烯的产生来对抗炎症，但类固醇的药效更强，它可以阻止身体释放和接受这些化学物质。不过，你不能长期服用类固醇，因其具有长期严重的副作用，包括骨质疏松、溃疡和免疫抑制。这很可能就是拉里感染EB病毒和患上单核细胞增多症的原因——他的免疫系统已经严重受损。

3. **免疫治疗**：在这个过程中，你实际上会被注射微量的过敏物质，目的是训练你的白细胞耐受过敏原。这些注射在手臂上进行，一周一到两次，持续数月。这种治疗方法适用于严重过敏的人，或每年过敏症状超过三个月的人群。

由于拉里长期以来一直服用类固醇药物，我们首先要做的就是逐渐减少药物的使用量。同时，我们还安排他配合一名针灸师和一名中医治疗，以增强其免疫系统对抗病毒的能力，并帮助他保持内心的平静以更好地适应所处环境。我们推荐了一味名为刺五加的中药，据说它可以改善白细胞功能，尤其适合接受过长期化疗的患者。此外，拉里还与一名营养学家合作，确保饮食和营养均衡，注重摄入深色多叶蔬菜。我们还建议他服用优质的药用级维生素补充剂，内含维生素 C、镁、锌和 B 族维生素。此外，他还开始服用黄芪、DHA、姜黄和生姜等补充剂，以缓解 EB 病毒感染症状。

除了拉里的医疗团队帮助他制定的治疗方案，他也开始使用肯定语。

针对发热
- 我可以冷静、平和、友善地表达。

针对单核细胞核增多症

- 我爱自己，欣赏自己，能照顾自己。
- 我已经足够好了。

针对 EB 病毒感染

- 我很放松并认识到自我的价值。
- 我已经足够好了。
- 生活是轻松愉快的。

针对肌肉酸痛

- 我将生命体验视为一场欢快的舞蹈。

这些肯定语帮助他改变了在疾病折磨下的消极想法。此外，他还努力地融入社交互动。这套由药物、行为改变和肯定语所组成的治疗方案共同作用，帮助拉里的健康重回正轨。

皮肤问题：对安全感和安定感的需求

你有银屑病、湿疹、荨麻疹或痤疮等皮肤问题吗？如果答案是肯定的，你可能需要关注自己是否感到安全和安定。虽然有皮肤问题的人的生活看似井井有条，但这种生活是通过极端的方式来管理的。只要不发生任何变化，这些人是稳定且值得信赖的。他们总是专注于固定的生活模式，因为固定的生活模式是安全和熟悉的。但现实生活并不总是安全和可预测的，而这正是这些人开始遇到问题的地方。生活中的自然起伏会引起他们极大的焦虑，进而表现为皮肤问题。有趣的是，与皮肤问题相关的情绪和倾向，如生活缺乏弹性，也与许多关节问题有关。容易患有其中一种疾病的人往往也容易患有另一种疾病。

因此，来看看我们的健康处方，其中包括首先识别你的身体向你发出的信号，然后使用肯定语来建立健康的思维模式，从而使皮肤问题有所好转。对于因恐惧和焦虑而引起的皮肤问题，有益的通用肯定语是："我爱自己，内心欢愉、平静。过去是可以被原谅和遗忘的。此刻我是自由的。"

皮肤病的表现形式多种多样，因此针对不同病症，帮助你解决这些问题的肯定语也各不相同。例如，如果你患有痤疮，可能与你消极的思维模式和不接受自己有关，因此肯定语是："我爱自己，接受现在的自己。"湿疹则可能与对立情绪和压抑情绪的爆发有关。为了消除这些情绪的影响，具有疗愈性的肯定语是："和谐与平静、爱与喜悦环绕着我，浸润着我。我是安全的。"荨麻疹通常与微小而隐秘的恐惧以及将小问题放大的倾向有关。具有疗愈性的肯定语是："我能够让生活的各个方面都很平静、有序。"皮疹通常与事情没有完全按计划进行时所引起的恼怒有关,对此需要耐心的肯定语,比如:"我爱自己,支持自己,我接受生活中的变化。"如果你患有银屑病,你可能会害怕受到伤害,拒绝为自己的感受负责。在这种情况下,肯定语应该是:"我享受生活的乐趣。我值得并接受最好的生活。我爱自己,认可自己。"请尝试使用以上列出的肯定语,或参考第10章的对应表,找到适合你的肯定语。

要解决造成皮肤问题的其他情绪问题,就必须努力提升自己应对变化的能力。正如人们所说,变化是生活中唯一不变的东西。那么,你能做些什么呢?可能最简单的方法就是改变你的日常作息。虽然这看似有悖直觉,但还是要在你的生活中留出一点空间,让生活随性一些。每隔一段日子,留出一点时间,给自己一些放松的空间。例如,你可以去散步一个小时,看看会遇到什么。这样你就会接触到一些变化,这可以帮你认识到,一个没有严格计划的世界并不一定可怕。此外,你还可以大胆尝试某些工作,因为混乱中往往蕴藏机遇。将自己置于一个无法完全掌控的环境中,例如去福利院或动物救助站做志愿者,谁能预料到在那里将会发生什么事呢?

或许你可以花些时间考虑自己的日程安排,看看是否有某些生活方面你可以稍微放松一点点控制。也许你不愿放弃工作岗位上的一些决策权,但可以让孩子的游戏时间更自由一些。所有这些建议的目的是培养你的韧性。当你变得更加有韧性时，就能更好地应对生活中的变化。这将激发你的信心，使你有能力与任何人合作，而不是与之对抗，从而减少日常的焦虑感。

临床档案：皮肤问题背后的心理之伤

52岁的卡尔是一个顾家的男人，他不仅是一位成功的商人，还是一位积极参与社区事务的志愿者。他投身于慈善，并参加家庭与城市的各种活动。在他亲友的眼中，他很踏实，值得信赖，是社区的重要一员。

但卡尔的内在性格执着且固执，厌恶变化。只要事物处于掌控之中并让他感到安心，卡尔便能成功经营企业并照顾好家人、朋友和社区。

卡尔多年来对生活的严密掌控终于诱发了身体的反抗。卡尔关节皮肤的褶皱处长出皮疹与鳞屑。在向皮肤科医生问诊后，卡尔得知自己患上了严重的银屑病。

银屑病尽管只是一种皮肤疾病，但它往往预示着免疫系统出了问题，并可能与其他严重的健康问题有关，包括糖尿病、心脏病、抑郁症、炎症性肠病、关节炎、皮肤癌和淋巴瘤。在银屑病患者中，我们常观察到一种名为肿瘤坏死因子的蛋白质过量产生，这种蛋白质导致了细胞过快地生长。至于为何会出现这种情况，目前尚无确切答案。对卡尔来说，为了确保他的健康，我们希望能有一位优秀的内科医生，对他的心脏、消化系统和关节进行全面评估。因此，我建议卡尔先去看医生，对这些部位进行全面的基线筛查。

接下来，卡尔需要接受持续的皮肤治疗来缓解并预防瘙痒症状。目前有六种治疗方法可供选择：局部使用的皮肤药膏、光疗（通过定期让皮肤暴露在紫外线下，减缓与该病相关的皮肤细胞的过度生长）、系统性口服药物（如环孢素、氨甲蝶呤、阿维A酸）、静脉注射药物（用于阻断肿瘤坏死因子的产生）、中医治疗，以及营养治疗。

卡尔尝试了所有非处方药物，但银屑病的症状并没有缓解。局部类固醇药物起初在一定程度上有所帮助，但最终银屑病复发得更加严重。因此，我们建议他考虑寻求一位经验丰富的皮肤科医生进行光疗治疗。另外，他还被引荐给了一位针灸师和中医，后者为卡尔开具了煅石膏、白茅根、玄参、赤芍、地黄、金银花、艾叶和连翘等多种中药。此外，一位营养师还帮助卡尔识别出哪些食物会刺激他的银屑病，使症状加重——奇怪的是，西红柿就是其中之一。卡尔也开始服用DHA。

此外，他开始在生活中融入一些即兴行为和有序的灵活调整，他还努力通过以下肯定语来改变自己的想法。

针对一般皮肤健康
- 我安心地做真实的自己。

针对一般皮肤问题
- 我爱自己,内心欢愉、平静,我已原谅和遗忘过去。
- 此刻我是自由的。

针对皮疹
- 我爱自己,支持自己,我接受生活中的变化。
- 我感到做自己是安全的。

针对银屑病
- 我享受生活的乐趣。
- 我值得并接受最好的生活。
- 我爱自己,认可自己。

卡尔做了这些改变后,他的皮肤状况逐渐好转,他简直兴奋极了。

第一情绪中心：一切都会好的

你有能力通过药物、直觉和肯定语来增强你的免疫系统与肌肉骨骼系统，并治愈皮肤病。当你学会识别那些身体问题背后的消极思想和行为，并注意到身体以第一情绪中心健康问题的形式向你发出信号时，你终将踏上真正的康复之路。

使用露易丝的肯定语建立新的思维模式，将为你提供改变那些可能诱发第一情绪中心疾病的行为模式的基础和力量，你将学会平衡个人需求与家庭、朋友和社区的需求。

这个世界是一个安全友善的地方，一切都会好的。

第4章 第二情绪中心：
对平衡金钱和爱情的需求

可能影响的身体部分：

膀胱、生殖器官、腰部和髋部

第二情绪中心是关于爱和金钱的。能否在这两个方面取得平衡，一定程度上可能会影响膀胱、生殖器官、腰部或髋部的健康。因此，掌握健康的关键在于学会如何在不牺牲爱情的前提下管理好财务，反之亦然。听起来很简单吧？实则不然。很少有人天生擅长这一点，所以让我们开始学习吧。

就像其他情绪中心一样，你身体中哪个部分受影响，取决于哪种类型的思维模式或行为导致你生活中这一方面的不平衡。针对第二情绪中心所呈现的问题，我们发现了四种类型的人：第一种人关注爱情而不在意金钱，第二种人关注金钱而不重视爱情，第三种人在金钱和爱情方面都有无穷动力，第四种人不能负责任地处理爱情和金钱。我们在下文中会更进一步讨论不同身体部位的情况，但在任何时候，倾听你的身体都非常重要。记住，你的身体就像一台直觉机器，它会以生理疾病的形式来提示你情绪健康方面的问题。

与第二情绪中心相关的消极思维模式涉及对性别认同和性相关问题的焦虑、愤怒或悲伤情绪，以及对人际关系问题和个人财务问题的担忧。当然，这是有道理的，因为当我们离开安全的家庭环境（对应第一情绪中心）独自闯荡世界时，我们必须自己应对的第一个挑战就是爱情与金钱、人际关系与个人财务问题。

那么，是什么让你无法彻底改变财务状况和人际关系，去过上更健康的生活呢？你是否仍然在生伴侣的气？你是否总是让别人管理你的钱？你是否对自己的钱不负责任？你是否感到压抑？

这些只是可能诱发第二情绪中心健康问题的几种情绪和行为类型。如果你能找到潜藏在自己健康问题背后的思维模式，就可以开始做出必要的情绪、行为和身体上的改变，从而改善你的膀胱、生殖器官、腰部和髋部的健康状况。找到根本原因是第一步。下一步是将这些消极的想法和行为转化为新的思考方式，以重塑健康。

第二情绪中心的肯定理论与科学

与所有其他疾病的疗愈方法一样，露易丝的肯定理论着眼于第二情绪中心健康问题背后的情感细微差别。例如，整个月经周期的健康状况，以及一个女性避免闭经、痛经或子宫肌瘤等问题的困扰，取决于她是否对自己的女性特质有健康的认识。对女性特质的排斥是与女性问题普遍相关的一种消极的思维模式。性罪恶感和对伴侣的愤怒可能会导致阴道炎和膀胱感染。

此外，前列腺代表了男性特质的一面。性压力和性罪恶感，以及一个男性对衰老的态度，都可能会导致前列腺问题。

亲密关系中的权力之争可能为性传播疾病的发生埋下了隐患。认为生殖器是"罪恶"或"肮脏"的性罪恶感以及感觉自己需要受到惩罚的心理，都是与性病密切相关的思维模式。对于男性，认为性是不好的或遭受性压力的经历可能会产生与阳痿有关的思维模式。

从肯定理论的视角来看待生育问题，我们会发现，如果你有生育问题，那可能是因为你对生育时机或生育的必要性存在疑虑。

当我们担心金钱问题时，谁没有过腰疼的困扰呢？对金钱和未来的恐惧是与腰痛和坐骨神经痛紧密相关的消极思维模式。

那么，关于影响第二情绪中心所对应的身体部分的消极思想和情绪背后的身心联系，科学是如何解释的呢？

研究发现，对成为母亲心存矛盾且担心自己身材走样的女性，其不孕和月经不调的发生率更高。[1] 虽然她们感受到生育的社会压力，但成为母亲可能并不符合她们的长期目标。由此产生的情绪压力会导致皮质醇升高，孕酮水平降低，从而影响胚胎在子宫的成功着床。它还会降低催产素的分泌，增加去甲肾上腺素和肾上腺素的分泌。这些因素相互作用就会抑制性激素的分泌，并阻挡精子进入子宫。[2]

如果男性长期承受巨大的压力，焦虑会导致他的身体产生抗体，使精子变得"无力"。压力和悲伤还会导致睾丸和肾上腺产生更多的皮质醇，减少睾酮的分泌，从而降低精子数量。这两个问题都可能导致不育。[3]

大量科学文献证明了亲密关系是如何影响盆腔器官的健康的。研究也已经证实，由感情创伤所引起的抑郁和焦虑会促使肾上腺分泌过多的类固醇，从而影响女性的生殖健康。这会改变体内皮质醇、雌二醇和睾酮的水平。这三种激素之间的失衡会导致各种疾病，包括易怒、疼痛、子宫肌瘤、卵巢囊肿，更不用说体重增加了。[4]事实上，有一组研究表明慢性盆腔疼痛和性虐待之间存在联系。性创伤，尤其是童年期间所遭受的性创伤，会导致生殖器和泌尿系统的疼痛，以及第三情绪中心问题，如饮食失调和肥胖。[5]

部分患有宫颈发育不良和宫颈癌的女性，其中一半以上生活在父亲早逝或离弃家庭的环境中。[6]这些女性通常在童年时期未得到家庭中男性的充分爱护。她们后来的性行为很有可能是出于对爱的渴望，试图找到那些自己在家庭中无法获得的东西。因为内心缺乏爱的内在表达,所以她们不断尝试用很多不平衡的关系来填补内心的空洞。这部分女性无论在身体上还是情感上,都具有竭力取悦男性的倾向。[7]

财务困境和糟糕的经济状况对劳动者来说确实是一种负担。大量研究表明,当人们对自己的财务状况感到沮丧或不满意时,尤其是当他们讨厌自己的工作时,就会出现背痛和肌肉紧张加剧的情况。[8]例如,一项研究发现,对工作的不满竟使患背痛的风险增加了近7倍。[9]在美国,腰痛已成为主要职业病之一,其影响范围不限于家具搬运工或码头工人,还有白领。即使在符合人体工程学要求的条件下,腰疼的发生率也未必会降低。你知道我的意思,那些美国职业安全与健康管理局和各公司设计的所有护脊枕和设备都是为了保护我们的脊柱,但其实没什么用。一项研究表明,创造办公室的人体工程学环境并不能显著减少腰疼和职业病的发生。[10]然而,从事自己喜欢的工作可能会有所帮助,因为这会释放能缓解慢性疼痛的内源性阿片样肽物质。

有趣的是,腰疼也与亲密关系有关。例如,婚姻关系的改善有助于减轻慢性疼痛,尤其是腰部的疼痛。当一个患有腰痛且面临婚姻问题困扰的人与伴侣一起接受婚姻治疗时,随着双方关系的改善,腰疼往往会得到显著改善,无须手术或药物的帮助。[11]

既然现在你知道了支持露易丝肯定语的科学依据,那么如何才能利用这些理论来真正治愈疾病呢?

膀胱问题：个体对平衡金钱和爱情的需求

有过膀胱问题的人通常在亲密关系中的情绪非常敏感，可能很难实现经济独立。他们过于看重维持亲密关系，以至没有掌握或运用那些进行商业交易或关注经济底线所需的技能。这些人往往会将他们的财务状况放在次要位置，或者将控制权交给伴侣。然而，无论是完全依赖伴侣，还是要求对方承担一些经济责任，这些行为都可能诱发膀胱疾病，因为这样的行为会引发愤怒和怨恨的情绪。

所以，让我们来看看如何让你的爱情和金钱生活达到平衡。我们会直接观察那些能帮助你改变消极思维模式的肯定语，因为这些消极思维模式可能与你的膀胱问题相关。我们来了解一些肯定语，它们能帮助你改变那些可能诱发膀胱问题的消极心态。尿路相关感染，无论是膀胱炎还是更严重的肾脏感染，通常都与对异性、伴侣、其他人的愤怒和责备有关。因此，我们必须消除这种愤怒情绪。对于尿路感染，具有疗愈性的肯定语是："我不再有意如此，我愿意改变。我爱自己，也认可自己。"尿失禁（不自主漏尿）与长期压抑情绪有关，具有疗愈性的肯定语是："我愿意去感受。我可以安全地表达我的情绪。我爱我自己。"肯定语的应用会根据情况的不同而有所区别。要获取更具体的肯定语，请在第 10 章的表格中查找。

回顾过去，审视你与金钱之间的关系。你是否曾经对某人一往情深，以至忽视了自己的财务状况？如果你处于恋爱关系中，你是否将所有的财务控制权都交给了另一半？当涉及金钱问题时，你会感到失控吗？这3个问题中，如果你有一个回答是肯定的，那么你可能面临患上膀胱疾病的风险。

如果这听起来与你的情况相似，那么最需要解决的问题是提升你对金钱及其在生活中的重要性的认知。这并不容易。为了在爱情和金钱之间取得平衡，你应该从小事做起。

如果你目前尚未实现经济独立，那就想办法去争取一定的财务自主权。例如，支付一些家庭账单。如果你感到精力充沛且有冒险精神，不妨根据你的个人兴趣所在，看看自己能否找到一份与这些兴趣相关的兼职工作。重要的是，你要对财务负责。你需要熟悉金钱带来的话语权和益处。这样做可以减少你对伴侣的依赖，有助于消除因处于完全控制的关系中或被迫承担重要财务职责而产生的怨恨和焦虑。无论你多么深爱和信任你生命中的某个人，你都应该始终掌控自己的财务状况。

如果改变财务状况比较困难，其中一个问题可能在于你对金钱的看法。也许你认为金钱不属于精神财富，甚至可能将其视为万恶之源，而关心金钱会让你变得肤浅或物质。对于这一点，我只能说，醒醒吧。在当今社会的架构中，金钱就像食物和水一样，是维持生活所必需的。虽然那些拥有金钱和权力的人可能（也确实）会滥用它，但这种不良行为并不是金钱和权力存在的本质。你需要意识到，对自己的财务负责意味着你拥有健康的独立性。仅此而已。

所以，我们的目标是寻求一种平衡金钱和爱情的方法。不要为了维持一段重要的关系而过度牺牲自己的经济自主权。通过妥善管理自己的财务状况，你做到了尊重自己和周围人。

临床档案：膀胱问题背后的心理之伤

55岁的伊莉斯说，直到自己25岁左右遇到丈夫，她才真正感到幸福。她将全部精力都投入事业中，先读了商学院，后成为一名簿记员，但她感觉生活缺少了某些重要的东西。这一切都在伊莉斯遇见杰拉德后改变了。他们迅速坠入爱河并结婚，伊莉斯终于安定了下来。曾经立志从商的她，将所有财务管理权交给杰拉德，并辞去了工作，成为一名全职家庭主妇，专心照料家庭。

伊莉斯在很长一段时间里都感到幸福和满足，直到杰拉德被他长期供职的公司解雇。他很快就适应了突如其来的提前退休生活，但对伊莉斯来说，这一转变更加艰难。当了近20年的家庭主妇，从未承担过任何经济义务，她现在却不得不重新开始工作，担任簿记员以补贴家用。

在伊莉斯重新开始工作后不久,她和杰拉德就开始因为钱而争吵。她感到不满、心累,有时还会生气。工作曾一度让她感到充实,但现在它只是在提醒她发生了多大改变,以及她放弃了多少。她开始出现健康问题。起初,她的症状似乎指向绝经前期——她出现了尿急、月经不规律和膀胱感染。然而,几个月后由于抗生素无法治愈尿路感染,她最终来到了我们的诊所。

当我们开始帮助她解决尿路感染和月经不规律的问题时,第一步是揭开这个隐秘的骨盆区域的神秘面纱。我觉得人们理解这一区域很重要,因为如果我们了解自身的器官以及它是如何工作的,我们就能更直观地了解它的健康状况。

我向伊莉斯解释说,我们的泌尿系统由两个肾脏、两根输尿管、一个膀胱和一条尿道组成。肾脏过滤血液中的毒素,平衡钠和水分,然后产生尿液,通过输尿管输送到膀胱,然后通过尿道排出体外。由于女性尿道口靠近细菌较多的肛门,容易引起感染,从而造成常见的尿路感染。如果你患有免疫功能低下、糖尿病,或有留置导尿管以及其他易感因素,细菌可能从膀胱经输尿管上行至肾脏,并引发危险的肾脏感染。

在了解泌尿系统如何工作后,伊莉斯回去看医生,医生让她做了尿液检查,以确认她是否患有膀胱感染。当存在膀胱感染时,尿液中会出现白细胞和大量细菌。虽然尿液中存在一定数量的细菌是正常的，但存在感染时，细菌数量会急剧增加。就伊莉斯的情况而言，她的尿液既没有白细胞，细菌也很少，所以她实际上并未患膀胱感染。那么，到底是什么原因引起了她的疼痛呢？

膀胱是一个囊状肌性器官，成人膀胱最多可容纳 350～500 毫升的尿液。因此，如果你每五分钟左右就有一次小便的紧迫感，但只有几十毫升的尿液，就说明你有膀胱或尿路刺激征。伊莉斯就是这种情况，但她的妇产科医生必须找出原因。有三个基本原因需要考虑。

1. **子宫切除术后的影响**：子宫切除术后可能会出现压力性尿失禁，这意味着手术损伤了控制排尿的膀胱神经。
2. **子宫肌瘤**：如果女性的子宫内有较大的纤维瘤或囊肿，这些纤维瘤或囊肿可能会压迫旁边的膀胱，使膀胱只能容纳少量的尿液，从而导致尿频。
3. **阴道干燥和黏膜变薄引起的刺激**：当女性进入围绝经期，雌激素水平下降，阴道和尿道组织变薄并受到刺激。这会产生与膀胱感染相同的症状，但实际上并不是感染。你只会出现尿急和排尿疼痛的症状。

伊莉斯没有做过子宫切除术，那么可以排除第一个原因，所以下一站是去看妇科医生。伊莉斯的月经量大且不规律，从妇科医生那里，她得知自己有两个大肌瘤，其中一个正好就在她的膀胱上。面对这种情况，伊莉斯有两个选择来处理肌瘤：一是，她可以去找妇科医生把它们切除；二是，如果她不想做手术，她可以选择等待，随着更年期的结束，激素水平的下降通常会导致肌瘤萎缩。这将有助于减轻膀胱的压力。

伊莉斯的医生还研究了引发疼痛的第三种可能原因：阴道干燥和黏膜变薄引起的刺激。伊莉斯的月经具有围绝经期特有的不规律特征，她在性交时开始感到阴道干燥和疼痛。

伊莉斯决定不做子宫肌瘤手术，而是专注于治疗这种刺激症状，看看这是否足以帮助她解决膀胱问题。为了解决阴道干燥的问题，伊莉斯研究了各种各样的润滑剂，并找到了一款适合她的。她的医生向她提供了解决这个问题的处方药和自然疗法两种方案。伊莉斯决定从自然疗法开始，服用黑升麻以改善阴道健康，并降低该区域的敏感度，同时服用一些其他中药来恢复阴道润滑度，并减少排尿频率。

遗憾的是，这些方法都没有达到她想要的效果，所以伊莉斯又回到她的医生那里，医生建议她使用雌三醇乳膏等药物。这些产品有助于舒缓受刺激的阴道和尿道区域。

最后，为了解决伊莉斯因激素问题导致的尿频和月经不调，我建议她去找一位专业的针灸师和中医。中医开具了六味地黄丸，其中含有熟地黄。

她还重新审视了那些可能会加重她的问题的思想和行为模式。她使用了一些有助于处理膀胱问题的肯定语。

针对膀胱问题

- 我轻松而自在地放弃旧观念，迎接新事物。
- 我是安全的。

针对泌尿系统感染

- 我释放了造成这种状况的思维模式。
- 我愿意改变。
- 我爱自己，认可自己。

她也开始着手处理自己与金钱的关系。通过改变她对金钱的看法以及调整她的思维模式来帮助自己缓解愤怒情绪。最终，伊莉斯逐渐痊愈。

生殖器官问题：对平衡人际关系和个人财务的需求

生殖器官出现疾病的人通常有一种思维模式，即他们不知道如何以一种健康的方式进行创造。这种思维模式部分源于他们不惜一切代价向前推进工作和创造价值的执着。这些人通常有强烈的生产驱动力——无论是与工作还是家庭相关，本质上都是工作。恋爱关系对他们而言只是实现目标的工具之一，无论是生儿育女、创作书籍与戏剧、编写技术手册还是其他形式的成果。这种驱动力只有通过对生活各方面实施极端的组织化管理才能维持。虽然这种专注和控制的能力在竞争激烈的金钱和商业世界中更为明显，但众所周知，管理一个有多子女、多事项、多宠物的家，需要高度组织与控制。无论是身处混乱的商业世界，还是操持家务，有时女性和某些具有独特性格的男性必须抑制那种天生的女性敏感（我们都在某种程度上有这种敏感）以维持既定的生产计划。如果你在工作或家庭中过度追求高效，生殖系统可能会出现问题。

为了保持生殖器官的健康，人人都需要重新评估自己的优先事项，并改变那些导致肌瘤、不育、前列腺问题或任何其他可能的生殖系统疾病的潜在信念。

一般的女性问题可以通过这样的肯定语得到改善："我为自己的女性气质感到高兴。我喜欢做女性。我爱我的身体。"子宫肌瘤与伴侣带来的伤害有关，可通过以下肯定语改善："我丢弃了内在吸引这种经历的模式，我在生活中只创造美好。"女性的性问题和性无能通常与性压力、负罪感或对前任伴侣的怨恨有关，甚至还有对父亲的恐惧。这些女性通常认为发生性行为或经历性快感是错误的。

许多处于更年期的女性都会经历与衰老、不再被需要和不够好等相关的恐惧。"我在所有的周期变化中都保持平衡与平和，我关爱我的身体"，这句肯定语或许可以改善更年期症状。

对男性来说，问题的最初征兆或症状可能像短暂的性欲丧失或激素水平的轻微失衡一样微妙。然而，如果不加以注意，警告将会变得更强烈，并会出现严重的健康问题。

前列腺问题相关的消极思维模式，往往与对男性气质衰退的恐惧、对衰老的恐惧，以及对性能力的担忧和潜在罪恶感有关。为了促进前列腺的健康，男性可以使用以下具有疗愈性的肯定语："我接受并为我的男性气质而高兴。我爱自己，认可自己。我接受自己的力量。我的精神永远年轻。"如果问题涉及性能力，则负面情绪往往与愤怒或怨恨有关，通常指向前伴侣。该问题甚至可能与男性对其母亲的恐惧有关。针对阳痿问题，可以尝试使用肯定语："我在性的方面可以很放松、很愉悦。"

无论男女，不孕不育部分原因都与恐惧、抗拒生命的过程、抗拒养育子女的过程有关。在这种情况下，具有疗愈性的肯定语是："我爱和珍惜我内心的小孩。我爱自己。我是我生命中最重要的人。一切都很好，我也很安全。"

与所有其他部分一样，你使用的肯定语将根据疾病所在的具体身体部位而有所不同，详见第10章的肯定语表。

除了肯定思维，你还需要通过行为上的改变来远离生殖系统问题。你的主要目标是学会在生活中平衡两性关系和实现财务自由。你要克制事事追求完美的冲动。如果你习惯掌控家里的财务，不妨让你的伴侣暂时接管账单。这可能很难做到，尤其是当你更擅长这项任务时，但你要坚决忍住。你也可以让孩子（如果你有孩子的话）做一顿简单的晚餐，即使你知道他们做得没你好。你能做的最重要的事，就是试着放下控制一切的执念。

我们的目标是让你重新拥有爱和快乐，学会与时俯仰。你需要意识到，你可以放松、休息、将工作委派给他人，这样也是可以取得成功的。除了一直全速前进所带来的兴奋，生活还可以给予你其他回报。试着与那些松弛的人为伴。看看他们，再问问自己，是否认为他们是成功的。也许有必要重新审视你对成功的定义。

所以，努力让自己重新享受生活的乐趣吧。花点时间和好朋友聊聊天，谈谈你的感受和梦想。留出一段特定的时间，让自己放慢脚步。另一个好方法是尝试冥想，即使只是静静地坐着也好。这会把你的注意力集中到当下，打断那些关于下一步要做什么的持续思绪。我们的目标是更充分地活在当下，观察并欣赏自己周围的一切。西方有句老话说得很有道理："停下来闻一闻玫瑰的芬芳。"试着去发现当下生活的美好。很快你就会发现，控制和不断地奋斗并不是幸福的必要条件。你也可以学会用真正的平静来代替那种推动生活前进时短暂的肾上腺素激增，并在此过程中拥有更好的身体。

临床档案：生殖器官问题背后的心理之伤

29岁的吉塔从很小的时候起就清楚地知道自己想要怎样的生活：她会住在哪里，她要做什么工作，她要嫁给什么样的男人，甚至她要生几个孩子。于是，她开始为得到这一切而努力。在整个高中阶段，吉塔在学业和社交方面都很努力。她还加入了领导力小组，担任过校报和年鉴编辑，在初高中都是班长。

大学期间，她也同样雄心勃勃。除了应对繁重的学业，她还有一份兼职工作，并开始了自己的事业。本科毕业时，她已经和一名医学预科生订婚了，并被一所商学院的MBA（工商管理硕士）项目录取。没有她处理不了的事，也没有她办不到的事，她痴迷于创造、创造、创造——创意、金钱、物品，应有尽有。后来，她希望实现人生清单上最后一个目标：拥有一个孩子。然而，她的身体却给她出了一个意想不到的难题。吉塔原本计划在30岁时怀孕，但经过几个月的尝试也没能怀孕，她逐渐失去了耐心，于是找医生做了一些检查。检查结果证实了她最担心的事情：她已经停止排卵。吉塔十分崩溃，感觉自己遭到了身体的背叛。

她的不孕是一个警示信号，表明她需要重新审视自己的生活是否平衡。

我们必须从一个稍有不同的角度来看待吉塔的问题，因为本质上她并没有做错什么。她饮食健康，坚持锻炼，总的来说，她很注意自己的健康。但遗憾的是，怀孕所需的条件往往与健康的非孕期生活的要求有所不同。因此，我们首先必须帮助吉塔克服她的自责和羞耻感。许多女性在面对不孕时都会有这些情绪，尤其是当她们的朋友们都能顺利怀孕并诞下孩子时。吉塔一直感到羞耻，认为自己肯定做错了什么……甚至认为自己很糟糕，她开始自我怀疑，但其实完全没必要。

下一步是了解吉塔不孕的生理原因。我们注意到吉塔非常瘦。事实上，她的体重过轻：身高 1.62 米，体重仅 45 千克。通常体脂非常低的女性会停止月经和排卵。无论是典型的长跑运动员还是纤瘦的职业模特，她们都没有足够的营养来维持身体机能，而身体只有在正常运转时才能怀孕。所以我们不得不对吉塔的饮食结构进行详细评估。

讨论这个问题时，吉塔承认她不想增加体重。她一直努力保持身材，觉得自己够健康和强壮。这让我们看到了吉塔怀孕必须面对的另一个问题：怀孕要求女性放弃对自己身材的控制。如果一个女性对此抵触，当她在镜子里看到自己身材日渐走样时，很可能会做出不健康的反应。这种自我观念会引发一系列强迫思维和强迫行为，并导致孕妇限制食物的摄入，从而伤害发育中的胎儿。

为了改变这些思维模式，吉塔采取了两种行动。她用肯定语来应对以下问题。

针对一般的女性问题

- 我为自己的女性气质感到高兴。
- 我喜欢做女性，我爱我的身体。

针对卵巢健康

- 我在创造的过程中保持平衡。

针对普遍的月经问题

- 我接受身为女性的全部，我的身体机能都是正常和自然的。
- 我爱自己，认可自己。

针对闭经

- 我接受自己作为一个女性的全部。
- 我在任何时候都是完美的。

针对不孕

- 我热爱并珍视内心的小孩。
- 我爱自己，欣赏自己。
- 我是自己生命中最重要的人。
- 一切都会好的，我是安全的。

她还开始咨询认知行为治疗师，以评估自己的焦虑情绪。他们共同探讨了如何改善她过度关注和控制体重的倾向，并制定了适合吉塔的策略，帮助她接纳体重增加，这是恢复排卵的必要条件。

吉塔还开始冥想，并把一些正念融入日常生活。每天她都会留出一小段时间，专注感受周遭发生的一切，而不是纠结于待办事项或未来计划。她还特意把自己正在处理的一些事项委托给其他人处理。在改变了自己的想法、行为和饮食习惯之后，吉塔怀孕了，最终生下了一个漂亮的男孩。

腰痛和髋部痛：对经济和情感之间平衡的需求

有腰部和髋部问题的人在金钱和爱情方面往往缺乏安全感。尽管通常家人会坚定地支持他们，但无论做什么，他们往往都会在财务和人际关系方面遇到困难。部分原因是他们不相信周围人的能力或意图。当事情遭遇失败时，他们擅于归咎于他人，但很难看清自己的错误所在。在经历了一次又一次的关系破裂和财务危机后，这些人会通过掌控权力来获得控制感。既然不再倾听别人的建议，他们也就无意在人际关系和生意场中与他人共同决策。在不断的失望后，他们最终会感到孤独、困顿且无力前行。

如果你有腰部问题并意识到这些消极的思维和行为，请思考自己需要什么以及如何实现。如果你需要的是恢复健康、摆脱疼痛，获得力量与支持，可以通过以下肯定语扭转消极思维的影响："我相信生命的过程，我所需要的一切都会得到，我很安全。"

具体的肯定语有助于我们将疗愈提升到新的水平。腰部疼痛和坐骨神经痛与对金钱的恐惧有关，而髋部问题则与对前进的恐惧有关。如果你有腰部或髋部问题，重要的是不仅要理解自己的思维模式，还要实践肯定语。举个例子，如果你的髋部有问题，而这又与你害怕做出重大决定有关，那么你可以使用这句肯定语："我处于完美的平衡状态。我在每个年龄段都能轻松愉快地向前迈进。"如果你的坐骨神经痛与高度的自我批评和对未来的恐惧相关，那么可以使用的肯定语是："我正在走向更美好的未来。我已经很优秀了，我感到安全和稳定。"

正如关注身体每个部位的健康一样，最重要的是注意平衡。如果你患有腰部或髋部疼痛，是时候审视一下你与自身及周围人的关系了。诚实地审视你的生活并做出一些改变。你是否从家人那里得到了在别处得不到的支持？留意你在哪里得到了支持，公开承认它并对此心存感激。当事情出错时，你是否总倾向于责怪他人？试着从全局看问题，看看你是否也犯了错？你是否无法控制财务状况？仔细审视各种财务问题，并试图找出情况从好变坏的关键转折点。

你的目标是采用一种新的世界观。为了真正弄清楚你在人际关系和财务状况上到底出了什么问题，你必须从大局着眼。要做到这一点，你需要掌控自己的情绪，并能够识别和处理它们。

最有效的重新平衡生活的方法就是冥想和正念练习。那些容易出现生殖系统问题的人需要通过这些练习来放慢速度，认识世界的美好。如果你有腰部和髋部疼痛问题，那么你需要控制自己的情绪。冥想教会你在情绪来袭时，观察和描述情绪，而不是评判它们。你会逐渐明白情绪不是现实，这意味着它们不会对你有那么大的影响力。最终，在练习正念和冥想之后，你将能够以一种更超脱的方式来对待世界和生活中的人，让你从自身的感受中解脱出来。你将能够以更尊重他人和更有成效的方式与人互动，最终将收获更健康的财务状况和人际关系。

关于治疗腰部和髋部疼痛，你应该采取的另一个重要步骤是，安排时间与除家人或朋友之外的人共度时光。拓宽你的人际支持网络。即使每周只有几个小时，也要走出去，从不同的角度体验生活。你也许可以在非营利组织做志愿者，以领导者或团队成员的身份为之奉献。这将帮助你学习如何平衡自己的观点和他人的想法。

通过积极的自我肯定、更乐观的心态，以及行为上的改变，我们就有可能在经济层面和情感层面过上充实而有意义的生活。

临床档案：腰部和髋部问题背后的心理之伤

海伦 50 岁出头的时候，在家人的鼓励下来到我们这里。她是一名律师助理，并有两个健康的成年子女，她很爱孩子们。但她的两次婚姻都以离婚告终，两任丈夫都为了更年轻的女人离开了她。离婚后，她发现自己不仅孤身一人，还背负了巨额债务。

海伦努力寻找着下一个伴侣，但似乎没有一个男人能达到她的高标准。当她看着一个又一个朋友找到灵魂伴侣时，海伦开始慌了。她究竟怎么了？为什么她连这么基本的事都做不好？

海伦很沮丧，有一天她醒来时感到腰部和髋部异常疼痛，这让她很难坐在计算机前，甚至连走几步都很困难。一位骨科医生给她做了一次磁共振检查，结果显示她的下椎间盘有轻微的突出，但这似乎不是病因。

当我和海伦谈话时，她非常痛苦和沮丧，因为她的病情无法通过椎间盘手术或复杂的融合手术来治愈。

什么原因会导致腰痛？通常是由于体重过大、姿势不当或受伤，从而造成过度使用腰椎区域的肌肉、韧带和关节。重复性动作使椎骨之间像软垫一样的椎间盘突出或滑脱。随着持续的振动和周围背部肌肉支撑不足，椎骨之间的关节（小关节）会发生炎症。炎症会引发骨关节炎碎片，压迫神经，从而导致患者腰部和腿部肌肉痉挛、无力和麻木。

不幸的是，腰痛可能因一些其他问题而加重。伴随着神经递质的变化，抑郁症会使疼痛加重。脊柱侧弯或脊椎滑脱也会加重疼痛。如果围绝经期雌激素和孕酮水平下降，也会加剧疼痛和痉挛。

当海伦知道了导致她腰痛的所有因素时，她就可以和治疗团队一起努力解决她的健康问题。她想出了一个办法，让自己每天多活动。她为自己的办公室买了一把带脚凳的厚垫椅，并学会了每小时起身活动几次，以保持腰部柔韧，减轻关节炎的症状。接下来，她积极治疗抑郁症。海伦开始服用S-腺苷甲硫氨酸，虽然它缓解了她的腰部疼痛和抑郁症状，但总体情况仍然很糟糕。于是，尽管她对药物治疗有一些抵触，但在尝试了安非他酮后，她的情绪和腰部疼痛得到大大改善，这令她很高兴。

如今精力更充沛的她可以去健身房锻炼了，但我们必须确保她在理疗师的监督下锻炼。她的目标是恢复脊柱肌肉的功能。她不时地使用止痛霜来麻痹她的骶骨区域，以便完成日常锻炼。同时，借助针灸和气功辅助控制疼痛。最后，海伦尝试了一种叫作"亚穆纳身体滚动"的神经肌肉疗法，即用一个哈密瓜大小的球来缓解腰部肌肉附近肌腱的痉挛。

在排查可能导致她腰部疼痛的其他因素时，我们发现她的鞋存在问题。她穿的鞋很便宜，没有缓震或支撑功能，所以我们建议她买更好的鞋子。

随着时间的推移，由于坚持锻炼和物理治疗，海伦注意到虽然自己只减掉了 5 千克体重，但已减轻了她腰部的很多压力。外科医生指出，我们每增加 5 千克体重，关节就会承受约 20 千克的压力。海伦听从了医疗团队的建议，总共减掉了约 11 千克体重，她简直不敢相信有这么大的变化。当医生确认安全后，她开始定期练习瑜伽，这有助于保持她的脊柱柔韧和强健。

我们与她密切合作，找出哪些行为和思维方式的改变会有所帮助。我们让她列出所有可能导致腰部疼痛的风险因素，并在与她相符的因素旁打钩。虽然不能改变遗传或年龄等因素，但我们可以重点关注她的日常活动和习惯。

我们讨论了戒烟的重要性并持续关注她的抑郁状态。她决定在教会做志愿者——既担任青年团体的组长，又到施粥处帮忙。她还开始写日记，试图从新视角看待自己生活中的一些混乱局面。为了解决可能诱发她生病的潜在信念问题，她开始使用以下肯定语。

针对一般的背部健康
- 我知道生活总是支持我的。

针对腰部问题

- 我相信生命的过程。
- 我需要的一切都会得到。
- 我很安全。

针对一般的髋部健康

- 太好啦！我每天都很快乐。
- 我很平衡且自由。

针对髋关节问题

- 我处于完美的平衡状态。
- 我在每个年龄段都轻松愉快地向前迈进。

针对椎间盘突出

- 我的生活支持我所有的想法。
- 我爱自己，并认可自己，一切都会好的。

海伦使用了这些方法，并且把自己的生活带入一种美好、灵活、舒适的状态。

第二情绪中心：一切都会好的

人们试图通过服药或手术来解决膀胱问题、生殖问题、腰部和髋部疼痛。在某些急性病例中，这可能是最为审慎的做法。但对于慢性疾病和功能障碍，你可能需要寻求其他治疗方法。

本章我们探讨了多种方法，你可以结合医学手段、身体的直觉和肯定语，创造健康的第二情绪中心。

当你学会识别并解读身体所传递的信号，便踏上了真正的疗愈之路。通过平衡对金钱和情感关系的关注，你可以消除此健康区域的压力源。承认那些与性别认同、经济能力、两性关系有关的消极思维和行为模式，然后用露易丝的肯定语来对抗这些领域的消极思维，通过默念"我相信生命的过程""我知道生活总是支持我、照顾我""我是值得被爱的，是可爱的"等话语来建立新的认知和行为模式。

你本就值得被爱。一切都会好的。

第5章 第三情绪中心：
对自我关注和自我价值的需求

可能影响的身体部分及相关方面：

消化系统、体重、肾上腺、胰腺和成瘾

第三情绪中心的健康与个人的自我意识以及如何履行对他人的责任有关。本章我们将探讨第三情绪中心的诸多方面。其中一些探讨聚焦于特定器官，比如消化系统器官，以及肾上腺和胰腺（两者都负责调节血糖水平和重要激素），还有负责调节体内化学物质的肾脏。我们还探讨了与体重问题和成瘾相关的更普遍的主题。就像其他情绪中心一样，你所经历的病症一定程度上取决于你背后的思维或行为模式。

在第三情绪中心出现健康问题的人通常可以分为四类：第一类是完全关注他人需求并以此定义自己的人，第二类是通过职业和物质财富来强化自我意识的人，第三类是放弃自我意识并依赖更高能量来获得支持的人，第四类是通过感官上的愉悦分散注意力而回避自省的人。当涉及消化系统的健康以及体重和成瘾问题时，这几类人受到的影响各有不同。随着我们深入探讨第三情绪中心所涉及的具体身体部分和个体病症，后续将展开更详尽的阐述。

在生活中，保持健康和培养强烈的自我意识至关重要。如果你不注重培养自尊，且无法在取悦他人和关注自我之间找到平衡，你可能会出现恶心、胃灼热、溃疡、便秘、腹泻、结肠炎或肾脏问题。你可能也会因体重、形象或成瘾问题而苦恼。这些健康问题都是身体发出的信号，告诉你当前的生活方式需要调整。

第三情绪中心的肯定语和科学

根据露易丝的肯定理论，消化道、肝脏、胆囊和肾脏的健康状况和与恐惧相关的思维模式有关：你会感觉焦虑难安，尤其是在你感到力不从心或负担过重的情况下。例如，消化道问题通常与对新事物和新体验的恐惧有关。具体来说，患有痉挛性结肠的人可能存在安全感缺失的问题，结肠炎与害怕放手有关，而一般的结肠问题通常与沉湎于过去有关。

与体重问题相关的消极思维模式通常涉及对保护的需求。从本质上看，成瘾行为是人们面对无法处理的情绪时，试图自我疗愈的一种方式，露易丝称之为"对真实自我的逃避"。

血糖代谢问题与责任和生活负担有关。低血糖与难以承受生活重担有关，患者会产生"这有什么用？"的绝望念头。

第三情绪中心的健康与拥有强烈的自尊感、能够承担责任以及不通过滥用药物或成瘾的方式来逃避现实有关。消化道健康、体重管理和身体意象的平衡，本质上取决于我们能否以健康的方式处理工作和责任的关系。

那么，让我们看看科学对这种治疗第三情绪中心疾病的方法的有效性有何见解。

大量研究表明，恐惧、悲伤和愤怒等负面情绪会刺激我们的胃壁，而爱和喜悦则能使其平静下来。事实上，我们承受的负面情绪越多，患上胃食管反流病、胃溃疡和肠易激综合征等消化系统疾病的概率就越大。[1]

以胃溃疡为例，科学家认为，胃溃疡是幽门螺杆菌的过度生长引起的，这种细菌是天然存在于胃中的。[2] 这种过度生长在焦虑程度较高的人群中更为常见。这可能是由于焦虑程度较高的人的消化道免疫系统对细菌产生了过度反应，导致其胃和肠道内壁更易受细菌侵蚀。[3] 压力和焦虑的来源有很多，但高度竞争的工作环境尤为容易引发压力和焦虑。研究表明，每天都面临巨大压力的人的溃疡发病率更高。[4] 这种情况在动物身上也很常见。研究发现，当啮齿类动物处于不断争夺配偶和资源的境地时，它们会出现消化问题和溃疡。[5]

完美主义也与肠胃问题密切相关。[6] 这种个性特征会让人处于长期自我评价较低状态，并降低自信心。研究表明，对自我价值感的打击可能引起血液中生长抑素水平的下降，而生长抑素是一种抑制多种其他激素分泌的激素。如果激素失衡，胃和肠道就不能正常工作。这可能导致溃疡和肠易激综合征。溃疡性结肠炎是一种慢性炎症性肠道疾病，对某些患者来说，也与他们追求完美有关。[7]

那些感到绝望、无助以及无法摆脱重重压力的人，血液中的应激激素水平会升高，这就为消化问题埋下了隐患。[8]研究发现，曾遭受身体虐待或在持续冲突的家庭中长大的人，成年后患溃疡或饮食失调的可能性也比较大。[9]

压力会导致肥胖问题。研究表明，紧张情绪会影响一个人的新陈代谢或消化能力。当我们在竞争激烈、充满敌意的环境中挣扎时，也会倾向于多食少餐，这种饮食模式往往会导致体重增加。[10]在工作压力大时，谁不是跳过早餐和午餐，然后用一顿丰盛的晚餐来犒赏自己呢？然而，这种看似精简的进食安排，非但不能缩小你的腰围，反而会增加腹部脂肪。

对生活问题的极端担忧和过度的责任感等情绪也会影响我们分解糖分的方式，从而导致糖尿病。[11]情绪压力会导致炎症和提升血液中的皮质醇水平，从而增加胰岛素的分泌，导致你摄入的食物更多地转化为脂肪。[12]研究人员观察到，患有抑郁症和焦虑症的人可能存在神经肽失调，这会影响他们的情绪和消化功能。

因此，那些能改善状态的积极暗示同样有助于缩小腰围，这一观点完全合乎科学逻辑。

许多研究表明，成瘾与低自我价值感和低自尊之间的联系是显而易见的。人们通过暴饮暴食、吸烟、酗酒以及其他方式来逃避现实，用来掩饰焦虑、抑郁、愤怒或无助的感觉，逃避他们无法承担的责任。[13] 这些都是简单的转移注意力的策略，人们使用这些策略是合理的。酒精具有缓解焦虑的作用，很多人用它来麻痹自己，避免面对真实的自我。尼古丁虽然有害健康，但可以帮助人们应对愤怒、急躁和易怒的情绪。研究证明，尼古丁可以让我们感到短暂的快乐和放松。某些食物也是如此，尤其是碳水化合物和巧克力。

作为第三情绪中心的焦点，强烈的自我意识可以帮助我们同时避免和应对压力、绝望和无助，这些感觉可能与我们刚刚探讨过的许多消化、肥胖和成瘾问题有关。

既然我们已经知道了肯定理论与科学的关系，那么我们究竟该如何保持第三情绪中心的健康呢？

消化系统问题：对高自尊的需求

组成消化道的器官有口腔、食道、胃、小肠、大肠（或结肠）、直肠和肛门。

容易出现消化道问题的人，往往执着于获得更多的东西。物质过量会刺激我们的肾上腺素，从而让我们感觉自己比实际更强大，所以有些人会追求这种快感。他们疯狂工作，无节制地狂欢，一刻不停歇，直到自己几近崩溃。他们积聚权力和物质财富以填补内心的空虚。因此，虽然看起来这些人已经搞定了一切，但这种持续的渴望可能与低自我价值感有关。所以他们尚未在真实的自我中找到满足感和快乐，没有真正从内心感受到幸福。他们的生活只关乎外在表象，他们追求更大、更豪华的车子和房子，并相信这会让他们感觉更好，从而提升他们的自尊。但更大并不一定更好。拥有健康的自尊很重要，这种自尊不仅基于人们的外在，也基于人们的内在。

对于你可能遇到的消化系统疾病，包括胃灼热、反流、溃疡、腹胀、胀气、克罗恩病和肠易激综合征，有很多有效的医疗选择可供使用。但在大多数情况下，医学治疗手段治标不治本。如果你正在经历慢性消化道问题，你必须调整这些健康问题背后的思维和行为模式。

一部分消化系统问题都与同一种基本情绪——恐惧——有关。例如，患有慢性胃病的人害怕新事物，认为自己没有足够的能力去面对生活中的挑战。他们常常被恐惧、焦虑和不确定性等情绪控制。如果这听起来很熟悉，并且你又想消除恐惧，直面新的挑战,那么具有疗愈性的肯定语是:"我的生活很和谐。我每天都在吸收新事物。一切都会好的。"如果你患有溃疡,这些消极的想法可能与担心自己不够好有关,可以使用的肯定语是:"我爱自己,认可自己。我很平和,很冷静。一切都会好的。"结肠炎(结肠炎症)与根深蒂固的不安全感和自我怀疑有关,合适的肯定语是:"我爱自己,认可自己。我正在尽我所能。我很棒。我很平静。"记住,具体的肯定语取决于实际的情况。更多针对特定病症的肯定语,请参阅第 10 章。

除了这些肯定语,你还需要评估自己的生活和优先事项。审视自己当前的状况:你总在超负荷运转吗?你是否生活和工作在一个竞争激烈的环境中?在外在的物质追求之外,你会花时间去了解自己吗?这些问题的答案将帮助你了解生活中存在的不平衡之处。如果你整天都在工作,那你就需要花时间来娱乐。如果你只追求速度,那么你就需要放慢脚步。人不可能一生都保持全速运转的状态。你可能会在激烈的对抗中茁壮成长,因为当你面对挑战时,肾上腺素会飙升,但很快你的身体开始意识到你需要平静。它会通过胃部给你发送信号,暗示你再也无法承受这种快节奏的生活了。你的身体迫切地需要休息和放松。

在审视那些可能加重你消化问题的思维模式和行为时,最重要的改变是意识到你拥有与生俱来的价值——你的内在比你所追求的外在物质更珍贵。低自尊会导致人们过度奋斗,而这将使人感到痛苦。建立自我认同感并非易事，但这是可以做到的。

诚实地审视你的生活。问问自己，你的物质财富是否真的能给你带来快乐，还是只是一层令你与世界隔绝的保护壳？你需要控制你的消费欲望。试着每周把一天当作"省钱日"，这一天里不买任何东西。把信用卡收起来，如果可能的话，尽量不要处理现金或财务事务，即使是帮别人处理。这一天结束的时候，评估一下简单生活给你带来的感受。如果你发现每周有一天不花钱太难了，你可能需要向心理咨询师寻求帮助，帮助你摆脱这种痴迷。

在同样的思路下，选择一周中的某一天不打扮自己，不化妆，不做发型，不穿戴华丽的衣物和饰品。留意你这一天中心情的变化。如果你的情绪低落，这说明你对外表过度重视——这些外表掩盖了你真实的内在。

从繁忙的日程中抽出时间尝试一些新的活动。寻找那些纯粹出于兴趣而去做的事，而不是因为它能让你更富有、更聪明或对他人更有吸引力。这样做的目的是培养真正的自我认同感，并意识到其价值。你可以每周安排一次时间，甚至每天抽出一点时间，最重要的是花一些时间和自己相处，远离外界的干扰，聆听自己的内心，了解真正的自我。这将引导你在第三情绪中心建立更好的自尊，改善身心健康状况。

临床档案：消化系统问题背后的心理之伤

当我遇到 27 岁的肯时，他已经拥有一家成功的牛仔靴公司，过着奢华的生活。他在美国纳什维尔市拥有一所住宅和一处位于市郊的农场。肯热衷于一掷千金、花天酒地。为了持续贪声逐色，肯夜以继日地工作，并依赖大量的咖啡因提神。肯的人生座右铭是"唯有纵情方可成事"。

这样的生活方式，肯持续了许多年。但当他来找我时，他发现已经很难平衡一切了。他入不敷出。他对一切都感到有压力和焦虑，他的胃似乎同样焦灼不安。赚钱带来的压力导致他持续有胃灼热的感觉，只能尝试服用抗酸药物来缓解。然而，肯非但没有缩减开支，反而继续通过透支消费来维持这种奢华的生活方式。

最终，他被送进了急诊室，诊断结果是食管反流、胃炎和胃溃疡少量出血。

当我们和肯交谈时，他就是不明白为什么自己服用的所有抗酸剂都不能阻止胃里的灼烧感。为了实现消化系统的健康并明白抗酸剂并非他的肠胃救星，他首先需要了解食道、胃和正常胃酸分泌之间的关系。

当我们吞咽食物时，食物会进入食道，食道将食物送入胃中，食物在胃里开始被胃酶分解，其中一种酶就是胃酸。食道和胃之间有一个单向的活瓣结构（贲门），其作用是防止酸性酶倒流或反流到食道和口腔，避免造成灼伤和腐蚀。但活瓣结构可能出现问题，从而不能完全关闭以防止反流。如果这种情况经常发生，诊断结果可能为胃食管反流病。这是肯的第一个问题。

他的下一个困扰是胃溃疡。就像足球队一样，胃病涉及进攻方（分解食物的元素、胃酸和其他胃酶）和防守方（保护胃壁的元素）之间的平衡。当人们胃痛时，几乎每个人都会想到用抗酸剂来减少胃酸，却忽略了帮助保护胃黏膜的黏液、碳酸氢盐水平、血液供应、前列腺素炎症介质和适当的菌群水平，而这些都是防止消化道溃疡的重要因素。

为了缓解肯的消化问题，我们建议他在生活中做出一系列的改变。他需要减少每餐进食量，减去约 10 千克体重，并不再穿紧身牛仔裤，因为紧身裤会压迫腹部、肠道和食道下括约肌。他还需要戒烟。此外，我们调整了他的饮食结构，剔除了会增加胃酸的食物。我们建议他暂时避免食用巧克力、西红柿、含咖啡因的饮料、高脂肪和柑橘类食物、洋葱、薄荷以及酒精。待溃疡痊愈后，他就可以每天喝一杯酒精饮料。我们还为肯制定了饮食时间表，并让他调整床的倾斜角度，以防止胃酸对食道的影响。我们要求他在睡前三小时内不进食，以便能让食物有充足的时间消化，并且在此过程中他要保持直立，因为平躺会使胃酸更容易流向喉咙。同时，出于同样的生理原因，我们建议他将床头抬高或者用枕头垫高上半身。

我们向肯建议的一些非常直接的改变将帮助他走上正轨，但他决定采取更激进的行动。他开始服用抗生素，以降低胃中幽门螺杆菌这种腐蚀性细菌的水平。然后，他可以从三种药物治疗中选择：一是抗酸剂，可以中和胃酸；二是 H_2 受体阻滞剂，可以减少胃酸的产生；三是质子泵抑制剂，可以阻断胃酸的分泌，帮助食道壁愈合。但这些药物都有副作用。例如，50 岁以上的人群若长期使用质子泵抑制剂，可能导致髋部、腕部和脊椎骨折。

为了帮助稳定他的身体状况并尽可能减少副作用，我们建议肯除了接受医疗护理，还考虑采用综合医疗方法来进行治疗。

我建议肯去找一位知名中医和针灸师问诊，并与这位专家一起找出治疗消化问题的常见中草药中哪种最适合他：舒肝丸、沉香、风毛菊还是逍遥丸。

在行为改变方面，我们建议肯花点时间诚实地审视自己的生活。为此，他接受了我们之前关于他的体重和财务问题的建议，并写下了每一项建议给他带来的感受。他的目标是减轻焦虑，并将自己的座右铭改为"我亦能从容制胜"，这涉及工作、吸烟、饮酒和饮食等方面。我们给他制订了一份有氧运动的时间表，每天 30 分钟，把他多余的能量释放出来，以及每周进行按摩、芳香疗法和引导意象课程，帮助他放松身心和缓解肌肉紧张。这种放松最终会作用于他的消化道。

而对于潜意识中的思维模式，肯需要通过使用肯定语来改变。他可以使用以下肯定语。

针对胃部健康
- 我可以轻松地消化生活中的一切。

针对一般性的胃问题
- 我的生活是协调的。
- 我每天都在体验和吸收新事物。
- 一切都会好的。

针对溃疡
- 我爱自己，认可自己。
- 我内心安静平和。一切都会好的。

针对焦虑
- 我爱自己，认可自己，我相信生命的过程。
- 我是安全的。

我们帮助肯在生活上做出了许多改变，从而帮助他完全康复——他的消化道和生活都回到了一条更加健康的轨道。

体重问题和身体意象：对自我价值的需求

有体重和身体意象问题的人往往都是付出者和行动者，常表现出过度慷慨的特质。表面上看，这些都是优点。然而，就像那些患有第三情绪中心健康问题的人一样，有体重问题的人通常被恐惧和低自尊所支配。他们把所有精力都花在别人身上，留给自己的所剩无几。他们的价值和身份是由其为他人付出的多少来定义的。

体重增加或体重减轻都可能是潜在健康问题的征兆，如甲状腺功能失调或内分泌失调，同时也可能是导致心脏疾病等健康问题的原因。因此，首先要解决由于体重超重或过轻，或因某种身体意象失调（如厌食症和暴食症）而引发的身体问题。一旦你解决了其中最严重的问题，就该正视导致体重问题的情绪问题了。

这归根结底还是平衡问题。我并不是建议你停止行善、不再帮助他人或变得以自我为中心。关键是要审视为什么你总是疲于帮助他人，而自己的需求却得不到满足。一旦完成了这一步，你就可以通过倾听身体的信号并将肯定语融入生活，从而开始改变那些加剧健康问题的消极思维和行为。

露易丝·海的肯定理论阐明，体重是如何成为我们自我形象的映射的。举个例子，体重超重或食欲过盛是低自尊和自我逃避的映射。根据露易丝的观点，脂肪本质上是高敏感人群为自我保护所构筑的保护壳。要想卸下这个保护壳并促进减肥，可以使用肯定语："我接纳自己的感受。我在这里很安全。我可以创造自己的安全感。我爱自己，认可自己。"

厌食症与极度恐惧和自我厌恶有关，开始自我价值重建的肯定语是："做自己是安全的。我本来的样子就很好。我选择快乐和自我接纳。"暴食症则源于自我厌恶、绝望和恐惧导致的暴食和催吐行为，相应的具有疗愈性的肯定语是："我被生命本身所爱、滋养和支持。我是安全的。"

露易丝的肯定语会根据思维模式和患病的身体部分而有所变化。例如，腹部的赘肉与得不到滋养而产生的愤怒情绪有关，而大腿过粗则与童年时期的愤怒有关，这种愤怒可能是针对父亲的。有关露易丝推荐的更具体的肯定语，请参考第 10 章。

根除旧的消极思维模式对有体重问题的人群尤为重要。低自尊可能导致自我毁灭性思维的泛滥。用积极的、提升自尊的肯定语来改变这些思维，例如，"我明智地去爱。我照顾和支持他人，也同样照顾和支持自己"。

如果你是一个仁慈、友善和慷慨的人，那固然很好！但请记住，也要同样善待自己。关注自己的需求、外表和幸福并不自私。事实上，唯有如此，才能成为他人的挚友、伴侣或父母。如果你不先照顾好自己，总有一天你将无法再给予他人。

因此，你首先需要反思为什么总是以牺牲自我为代价去为他人付出。你是否认为，只有在别人需要你的时候你才有价值？你可以想一想，是哪段关系或情境形成了这种观念。试着把它写下来，看看能否找出自己产生这种感觉的原因。

你必须努力消除这种错误的观念，而最好的办法就是给自己放一段责任假期。你可以每个月抽一天，或每周抽出几个小时，不为任何人做任何事。这段时间要完全专注于自己——报一门课或找一个爱好，滋养你的自尊。要认识到你生而有价值，不能仅仅将对自己的评判建立在为他人做了多少事情上。如果你不改变当前的心态，身体就会向你发出被剥夺感的信号，体重问题也会随之出现。

临床档案：体重问题背后的心理之伤

28岁的伊莎多拉为人可靠、做事利落，总是乐于为工作或有价值的事业奉献。和许多面临体重问题困扰的人一样，她热衷于帮助别人。伊莎多拉告诉我，这给了她人生的目标和方向。但是，尽管她做了很多好事，她的自尊心却极低，几乎不敢照镜子。

伊莎多拉有两个姐姐，她们都是专业歌手，外表对她们而言非常重要。伊莎多拉负责为她们打理发型和妆容。她为姐姐们演出时光彩照人的形象感到非常自豪，并表示自己并不介意成为"幕后"的妹妹——姐姐们的成功对她来说已经足够了。若单从她的外表来看,你永远不会想到伊莎多拉是一位造型师。她注重舒适而非时尚,头上总戴着一顶棒球帽以遮住未经打理的头发,也很少化妆。当我见到她时,她已超重约36千克,并坦言自己已经放弃了锻炼和其他自我提升的尝试。

当我们与有体重问题的人一起合作时,重要的是找出导致其体重增加的独有原因,包括药物、营养、环境和激素等。然后,我们针对这些原因制订一个计划,以帮助他们减肥。

体重增加有多种因素。

1. **药物**:一些常见药物的副作用之一就是体重增加。包括避孕药、固醇类、像阿米替林这样的老式三环类抗抑郁药、一些较新的抗抑郁药(包括帕罗西汀、盐酸舍曲林和奥氮平)、情绪稳定剂丙戊酸钠、糖尿病药物氯磺丙脲以及治疗胃灼热的药物(如埃索美拉唑和兰索拉唑)。虽然并非所有这类药物都会导致体重增加,但已知的有些药物会造成此现象。

2. **营养**:导致肥胖的最常见的原因之一就是饮食习惯。人们吃什么、什么时候吃,对他们的体重增加有很大的影响。

3. **环境**:人们白天活动的频率以及和谁在一起等问题,对体重有很大影响。

4. **激素**：如果你感到紧张、压力重重，那么不管你多么努力锻炼和控制饮食，你的体重还是会增加。悲伤、抑郁和焦虑都会导致体重上升，而愤怒是最容易让人发胖的情绪。持续愤怒和沮丧会使你的肾上腺分泌皮质醇，然后促使胰腺分泌胰岛素，接着就是体重增加。

当我们开始探究伊莎多拉的独特情况时，我们发现她定期服用三种已知会使体重增加的药物：她服用避孕药，并经常服用埃索美拉唑和兰索拉唑来缓解胃部的不适和胃酸反流。至于她的饮食习惯，我们发现伊莎多拉的三餐时间安排得相当不合理。她白天并不按时吃正餐，而是经常以零食充饥，还选择了一些不健康的零食。她唯一一餐是晚上 8 点左右的一顿丰盛的晚餐。这一餐的营养并不均衡，伊莎多拉经常只是摄入大量的碳水化合物，而不是确保营养均衡。她没有意识到每餐碳水化合物摄入量与蛋白质摄入量相匹配对稳定血糖和控制饥饿感有多么重要。

而影响伊莎多拉的环境因素包括运动极少和办公环境不佳。虽然她就在二楼工作，但伊莎多拉只坐电梯。她整天坐在办公桌前，唯一的休息就是去洗手间，或者偶尔去前台桌上拿糖果吃。她的办公室恰好位于会议室旁边，大部分时间里，会议室里都有供员工们享用的新鲜糕点和烘焙食品，还有一台随时提供免费汽水的机器。

在失控的体重和忙碌的生活之间，伊莎多拉也承受了很多压力、挫折和焦虑。她不喜欢自己的身体，这让她感到羞耻和愤怒。更不幸的是，这些感受只会火上浇油。

为了帮助伊莎多拉控制体重和改善生活状况，首要任务是解决由药物引起的体重增加问题。我建议伊莎多拉去医生那里寻求其他不会导致体重增加的避孕方法。在此过程中，她还发现自己的胃部问题是由焦虑引起的，而不是胃酸反流，因此她能够逐渐停用埃索美拉唑和兰索拉唑这两种药物。为了替代这些药物并缓解她因焦虑而导致的胃部不适，她的医生推荐使用柠檬香蜂草。伊莎多拉说这几乎立竿见影。

接下来，我们讨论了影响伊莎多拉的环境因素。她让接待员把糖果盘拿走，放到一个不那么显眼的地方，这样她就不会禁不起诱惑而去吃糖果了。此外，她还戴了一个橡胶手环，上面用黑体字写着"健康体重"，以提醒自己不要在办公室里吃东西和喝汽水。当伊莎多拉有想去吃喝的冲动时，她就会拉扯手环，然后手环弹回，打痛了她，让她不想再去拿东西吃。这有助于她重振精神，提醒自己记住减肥目标。至于增加运动量，伊莎多拉不仅开始爬楼梯上下办公室，还加入了一家女性健身俱乐部，每周5天，每天做30分钟的有氧运动。

为了增加治疗效果，她使用了肯定语来应对那些让她抵触减肥的潜在思维模式。

针对强迫性饮食

- 我被爱保护着。
- 我总是安全可靠的。
- 我愿意长大，愿意为自己的人生负责。
- 我原谅他人，现在我以自己想要的方式创造自己的生活。
- 我很安全。

针对肥胖

- 我与自己的感受和平共处。
- 我在哪里都很安全。
- 我创造自己的安全感。
- 我爱自己，认可自己。

同样重要的是，我们建议她去拜访一位营养学家，帮助她设计健康、美味、简单的食谱，以符合他们共同制订的饮食计划。为了让她的新饮食计划更有趣，她邀请了自己的姐姐们一起学习。她们相互支持，采用一种新的健康生活方式。伊莎多拉和她的姐姐们之间产生了一种新的亲密感，这种情感已经消失很久了，因为长期以来，伊莎多拉表现得更像雇员而非妹妹。这种亲密关系增强了伊莎多拉的自尊心，也让她更容易坚持自己的新饮食习惯。

这种关注视角的转变——从优先考虑他人到优先考虑自己，帮助伊莎多拉认识到了自我的价值。她开始更多地照顾自己，甚至采纳并执行了我们提出的给自己放一段责任假期的建议。随着观念的改变，在亲人的支持下，伊莎多拉成功减重，整体健康状况得到提升，幸福感也更强了。

肾上腺和胰腺问题：对关注自我的需求

有肾上腺、胰腺和血糖问题的人往往会因自己的情绪而崩溃，在不断为他人服务的过程中失去自我认同。

这些人通常认为他们内在的精神生活比体重、外表和工作等更重要。"精神生活"成为他们用来建立自我价值和自我关爱的出口。这就是他们对自己的定义。基于这种倾向，这些人经常不在乎自己的外表，消化系统健康状况直线下降，导致出现血糖问题和感觉疲惫。对他们来说，精神生活就是宇宙，发展事业、关注外表或幸福超出了他们的能力范畴。

如果你是数百万肾上腺和血糖问题患者中的一员，第一步就是采取医疗措施。但正如许多以情绪为核心的疾病一样，药物可能只对急性问题有效，慢性问题则需要一种更细致的治疗方法。

你需要建立自我价值感，并管理好对他人的责任感。

如果你的内心不断暗示，你没有能力或价值，导致你表现不佳或正在自我攻击，这些消极想法和行为可能扰乱皮质醇分泌，而皮质醇分泌紊乱可能增加某些肾上腺疾病（如库欣综合征）的患病风险。相比之下，艾迪生病（因肾上腺皮质破坏导致皮质醇分泌不足）患者可能因长期健康问题继发情绪障碍，但其病因与器质性病变直接相关。消极心态可能加重疾病症状。露易丝的肯定理论向你展示了如何通过肯定语来改变与常规肾上腺问题相关的想法和行为："我爱自己，认可自己。我可以照顾好自己。"

胰腺疾病，包括胰腺炎（胰腺的炎症）和胰腺癌，一定程度上与悲伤情绪存在间接关系。[长期负面情绪可能通过促发不良行为（如酗酒）或免疫调节间接增加风险。]如果你有严重的血糖问题，比如糖尿病，可能因为未能实现终身目标而感到失望，或对过去的遗憾感到深深的悲伤。在这种情况下，应这样肯定自己："此刻我充满了喜悦。我现在选择体验今天的美好。"

无论是肾上腺功能障碍导致的皮质醇问题，还是胰腺分泌胰岛素水平不当导致的血糖失衡，你的身体都会通过症状提醒你，需要重新审视当前的生活方式。如果你忽视这些警告信号，长期的皮质醇和胰岛素问题可能引发多种继发疾病，包括胆固醇升高、高血压、心脏病、体重增加、慢性疼痛、糖尿病、肾衰竭和脑卒中等。

改变消极的思维模式是消除痛苦和破坏性情绪的关键。但改变终生思维模式不能一蹴而就，而需要时间、投入和耐心。在你的精神自我和身体自我之间找到平衡，你可以心怀高远，同时也要关注自己在现实中的身体状态。让我们先从你的体重和低自尊问题着手吧。我们知道你有很强大的精神信念，但你也要学会爱自己和你的身体。在这里，我们想告诉你的是，满足自身需求绝非自私。因此，花点时间犒劳一下自己吧。去做个美甲，打理一下发型，读一本书，逛逛街。试着做一些能帮助你关注自我的事情。试着锻炼、跳舞或做瑜伽。这些活动都会引导你回归现实。

虽然我们知道关注他人的需求很重要，但即使你愿意这样做，也不要做得太过头。帮助别人可以带来成就感，但同时也会消耗你的精力。因此，要尽量限制你助人所花费的时间。如果你在多个组织做志愿者，可以考虑减少你投入其中的时间，可以一周只做一次。这样，你仍然可以体验到帮助他人的乐趣，同时也能留出时间照顾自己。采取这些行动不仅能提升你的自我认知，还能帮助你保持健康的精神状态。

正如我之前说过的，无论在现实世界还是精神世界，你都有与生俱来的价值。你是值得被爱的，也是弥足珍贵的，你必须每天通过积极的自我肯定和维护身体健康来强化这一认知。一句普适的健康的肯定语是："我的情感满足和幸福感会传递给我周围的每个人。"

临床档案：肾上腺和胰腺问题背后的心理之伤

现年 57 岁的洛琳达在青少年时期就接触到东方宗教，并为之着迷。她阅读了有关佛教、禅宗和道教的典籍。她从小就能感知到"神性"。

洛琳达读完了大学，并获得了神学和生物学的双学位。她最终嫁给了一位著名的物理学家，他们共同养育了四个孩子。

洛琳达很聪明，博览群书，在他们结婚后的几十年里，她成为丈夫的好帮手，帮助他撰写了几本书。她的婚姻和家庭生活虽幸福而美好，但始终潜藏着缺憾。洛琳达为家庭牺牲了自己的抱负和智性追求，现在她对自己感到陌生，生活在巨大的焦虑和恐惧阴影中，这种状态对她的身体健康极为不利。很快，她的身体发出预警信号。她开始感到自己疲惫不堪，步履缓慢，言语迟滞，思维迟钝，沉重感如影随形。她体内的皮质醇和胰岛素水平完全失衡了。

肾上腺和胰腺分别是负责调节皮质醇和胰岛素分泌的器官，往往被大多数人认为是神秘的。每个人都有两个肾上腺，可以把它们比作橘子。这些腺体的"果肉"（髓质）产生肾上腺素，是一种类咖啡因的刺激性物质，在我们需要立即爆发能量时就会释放。肾上腺皮质，即"果皮"，会分泌多种维持长期能量的激素，其中最著名的是皮质醇。然而，肾上腺也会少量分泌其他激素，包括孕酮、脱氢表雄酮、睾酮和雌激素。

当你突然焦虑、身处险境或怒火中烧时，你的大脑会通过脑垂体向肾上腺发出指令，促使肾上腺素、皮质醇等激素加速分泌，使机体进入高度戒备状态。一旦威胁解除，你"冷静下来"，肾上腺就会停止过量分泌激素。然而，如果你的思维一直沉溺于焦虑和威胁事件之中，反复出现"一切都没指望了""我的生活糟透了""事情本不该这样""这太不公平了"等消极思维模式，你的肾上腺将继续过度分泌皮质醇和雌激素。这会导致你的胰腺分泌更多的胰岛素，进而出现常被称为"肾上腺疲劳"的症状。

肾上腺疲劳的复杂性在于，皮质醇水平异常可能表现为分泌不足或亢进，临床诊断往往难以直接判断。确诊需结合症状学观察与实验室检测——通过血液和尿液化验可以查明。这一鉴别诊断尤为重要，若误判病情而采取不当药物治疗，非但无法缓解症状，反而可能导致症状恶化。

所以我们把洛琳达转诊至内分泌科医生那里进行系统评估。皮质醇水平低下的症状表现为：不明原因的全身乏力、口周和其他皮肤黏膜的色素沉着异常、恶心和呕吐、腹泻、低血糖和低血压。此类症状具有隐匿性，往往不易察觉。

皮质醇水平过高会导致腹部和面部发胖、血压升高、血糖水平不稳定、毛发生长异常、痤疮频发、抑郁、易怒、骨质疏松、肌肉无力和月经不调。

看完医生，洛琳达带着完整的诊断报告回来了。医生系统排查了所有症状后，确诊其皮质醇水平过高。洛琳达身高约162厘米，体重约82千克，她的脂肪主要集中于腹部区域。她头顶有些脱发，上唇和下颌处也长了一些毛发。她的血压是140/85毫米汞柱，空腹血糖是7.2毫摩尔/升，两项指标均轻度超标。她的肩膀、背部和脸上都长了痤疮。

在确定她的症状是由皮质醇水平过高引起后，医生建议进行库欣综合征排查。幸运的是，血液化验和地塞米松抑制试验的结果都是正常的。

最后，洛琳达去看了一位内分泌专家，他为她做了进一步的肾上腺酶异常专项检测，结果一切正常。至此确认，洛琳达只是得了普通的肾上腺疲劳。

这种病的解决方案是什么？她需要适当减脂，这样她的肾上腺就不能制造过多皮质醇和其他激素，这些激素会导致她的血糖升高、血压攀升和毛发异常生长。

为了给她提供迫切需要的能量来改变她的生活，我们开始给她补充铬元素。这不仅能给她提升精力，还有助于调节血糖。她开始服用绿茶提取物（绿茶提取物已被证实能增强人的活力），还开始服用含有叶酸、泛酸、维生素C、铁、镁、钾和锌的药用级复合维生素，因为任何维生素的缺乏都会导致人体疲劳。

接下来,我们必须要解决洛琳达的焦虑问题。鉴于她没有服用任何血清素类药物,我建议她咨询医生是否可在她的补充剂中添加5-羟色氨酸。这种天然的血清素补充剂通常被用来缓解焦虑,而焦虑可能是导致皮质醇过度分泌的一个因素。此外,她还需要通过心理咨询师的专业疏导找到焦虑的根源。

综合医疗方案的最后一项建议,是让洛琳达接受针灸和中药调理。黄芪、甘草、刺五加、冬虫夏草、红景天提取物、野生燕麦和五味子等中药,据文献记载可辅助调节肾上腺激素分泌失衡。一个有经验的中医会为患者量身定制最合适的药物方案。

尽管减重是洛琳达的治疗重点,但她的问题并不一定只是饮食不当。她有时吃得不好,多源于过度投入家庭和朋友的事务,并非天性偏好不良饮食习惯。因此,我们没有把重点放在传统的饮食管理上,而是参照体重管理部分提及的责任假期的概念,为其制订改良版计划。她不必彻底停止助人行为,但必须把对别人付出的精力进行合理分配。鉴于她一直把丈夫的事业放在第一位,所以我们决定建立一套个人职业发展的补偿机制:她为丈夫的工作每付出一个小时,就要为自己的事业付出一个小时。当我谈到这种方案时,洛琳达面露难色,但她最终还是做到了。

洛琳达还学习了太极拳和气功,以帮助自己管理精力,而不是把它分散到别人那里。

最后,为了改变那些可能引发她生病的潜在思维模式,洛琳达针对这些问题使用的肯定语如下。

针对肾上腺问题
- 我爱自己，认可自己。
- 我可以照顾好自己。

针对疲劳
- 我对生活充满热情、活力和激情。

针对胰腺问题
- 我的生活很甜蜜。

洛琳达在治愈她的肾上腺过程中重拾了自信心。她不仅能在精神层面，也能在现实世界中找到慰藉。

成瘾问题：对克服恐惧和自卑的需求

人人都会有一定的成瘾问题，而容易上瘾的人通常极度渴望满足自身的自我价值感。他们对个人发展和创造性成就都有很高的期望，希望获得内心的平静和清晰的思维。然而，他们常常存在不够自律的问题，表现为无法坚持饮食控制和锻炼计划，甚至拖延工作。他们对能带来快乐的事物有强烈的渴望，其中包括食物、酒精和过度透支信用卡。这导致他们难以腾出时间或有兴趣来关心自己或照顾他人。每个人都有自己独特的成瘾行为模式。追求自我价值和满足感可能会让人兴奋，但也可能让人感到疲惫和沮丧。当你意识到自己正在逃避本应承担的责任时，压力和焦虑会让你喘不过气来。我们常常会求助于那些能让我们感觉良好的东西：酒精、处方药、性、赌博、食物，来应对这些强烈的情绪。

那么，克服成瘾的关键是什么呢？关键在于改变与成瘾相关的思想和行为，这样你就能改变成瘾行为，避免健康遭受不可逆转的损害。一个好的起点是，利用那些经过验证的、有效的成瘾治疗方法，如"十二步戒酒法"和其他康复团体疗法。下一步是深度聆听身体发出的信号，解码行为模式和健康状态之间的隐秘关联。一旦你确定了问题所在以及是什么情绪引发了这些问题，你就可以开始将肯定语疗法应用于日常生活了。

露易丝·海的肯定理论证明了成瘾是如何与恐惧和自卑存在一定相关性的。具体而言，那些有成瘾人格的人终其一生都在逃避真实的自己，并在自我接纳和自我关爱方面存在困难。对一般的成瘾者来说，一句有用的肯定语通常是："现在，我发现自己很棒。我选择爱自己，并悦纳自己。"酗酒通常与内疚、自卑和自我排斥有关。为了对抗这些负面情绪，将自我憎恨转化为自我关爱，露易丝建议的肯定语是："我活在当下。每一刻都是新的。我选择看到自我的价值。我爱自己，认可自己。"

大多数人或多或少都曾通过成瘾行为来人为地填补自我价值感，或者用药物来麻痹自己无法处理的情绪。我们了解到，当生活变得过于混乱时，人们更容易成瘾，因为现实实在是太痛苦了。人们可能会对某些特定的事物上瘾，如酒精、香烟、网络购物、社交媒体、电脑游戏或性。所有的成瘾行为——无论是药物、食物，还是赌博等——都会释放麻痹身体和痛苦情绪的阿片类物质。然而，这种物质终会失效，或者上瘾行为不能再提供逃避现实的途径，现实会伴随着痛苦回归。

如果你有成瘾问题，你能做的最重要的事就是承认自己的问题。我知道这听起来很简单，但单是承认这一点就为你后续所有行动奠定了基础。如果你不确定自己是否有问题，可以问问你的好友或家人。然后，在他们的帮助下，问自己以下问题。

1. 我是否无法控制自己的饮食、赌博或性行为？
2. 我是否为自己的行为感到内疚？
3. 即使面对严重的健康问题，我是否也无法停下来？
4. 这些行为是否影响了我的工作或家庭生活？
5. 我是否有家人曾与成瘾作斗争？

6. 是否有人告诉过我需要戒掉某个行为？
7. 我是否会找借口或试图掩盖自己的行为？

如果你的回答有两个或两个以上是肯定的，那么是时候退后一步，认真审视一下自己的成瘾问题了。

记住，戒除成瘾是一场艰难的斗争。你不仅应该寻求专业人士的帮助，他们能够帮助你发掘自身的力量和情感，还应该寻求亲友的支持。现在就行动起来。几乎每一种成瘾问题都有互助团体。找到那些有同样问题的人。他们能够给予你勇气，并提供你意想不到的建议。在专业心理咨询师、家人和朋友，以及互助团体的支持下，你有可能成功戒除成瘾行为。这些人对你的康复至关重要，他们能够帮助你摆脱成瘾并建立起强大的自我意识。

成瘾行为试图帮你逃避绝望感，但你也可以自己做一些事来应对绝望感。试着冥想。静坐片刻，哪怕只有一分钟，也能帮助你更好地觉察自己的思绪和情绪。那些纷扰的思绪来去匆匆。它们是无常的、可以改变的。它们只是根植于你大脑中的思维惯性，并非客观现实。通过重构认知方式，你可以通过使用肯定语让这些念头变得更容易接纳，甚至将其转变为更健康的心态。

你也可以考虑写日记。有时候，把你的想法简要地用文字表达出来，就可以帮助你从新的角度看待它们。

这些行动的核心，在于稳固自我认知的根基，了解你内在的力量。人类天生具备在世间蓬勃生长的韧性。你与他人一样拥有内在力量。关键在于主动把握这种力量，让它为你所用。

临床档案：成瘾问题背后的心理之伤

现年 49 岁的珍妮自幼敏感易焦虑。小时候，她的父亲是个商人，经常出差。常感孤独的她转而向食物寻求慰藉，从此食物成了她最忠实的伙伴。珍妮的梦想是成为一名芭蕾舞演员，但当她申请芭蕾舞学校时，却被告知体重超标，不适合成为职业芭蕾舞演员。虽然她仍坚持跳舞，但一直在为体重问题而苦恼，并经常受伤。一次严重膝伤后，珍妮的医生给她开了羟考酮止痛药，并用阿普唑仑来缓解她的相关焦虑。即使在她痊愈后，她仍继续使用羟考酮、阿普唑仑以及其他处方药来控制自己的焦虑和恐惧。最后，珍妮彻底放弃了芭蕾舞台。

珍妮后来结了婚，生活变好了，她感到更快乐，并成功戒掉药物。但第二个孩子出生后，她的抑郁和焦虑再次复发，她又一次依赖处方药来应对压力。珍妮很快就出现了各种症状，不同的医生将其诊断为不同疾病，从慢性疲劳、肠易激综合征到注意缺陷障碍，这些诊断导致珍妮不得不使用药物来治疗这些新问题，并逐渐增加药量。这时，一位医生意识到了问题所在，拒绝给她开处方，并告诉她必须解决自己的成瘾问题。

对药物、食物、性、赌博、救助他人成瘾，或是像珍妮这样对处方药成瘾，实际上都是在掩盖我们无法处理的情绪。无论是悲伤、焦虑、愤怒、失恋、无聊还是自卑，这个情绪清单可以一直列下去。成瘾还会阻隔我们不想听从的直觉信息。这些物质填补了我们精神上的空虚，一种我们甚至不知道其存在的"莫名的空虚"。

但成瘾并不仅仅是简单地滥用物质。它是导致我们的工作、学业、家庭或其他关系出现问题的主要原因。成瘾会使我们迟到、缺勤或被解雇，因为我们忽视了对自己和他人的责任。有时，成瘾会升级到对身体有害的程度，导致事故或更糟的情况发生。但我们无法停止这种强迫性行为，尽管它会带来不良后果。

珍妮服用羟考酮和阿普唑仑是为了入睡、缓解焦虑，并应对因芭蕾舞训练造成的足部和脊柱慢性疼痛。因此，我们做的第一件事就是试图确定她的"新病症"——包括疲劳、肠道不适、注意力缺陷障碍——是否可能源于这些药物。

羟考酮的副作用包括嗜睡、疲劳、注意力和记忆力受损，以及便秘等。阿普唑仑和其他苯二氮卓类药物也会导致注意力和记忆力方面的问题。当我向珍妮指出，她正在服用的治疗睡眠、焦虑和疼痛的药物可能是导致这些新健康问题的根源时，她说吃药仍是值得的。她觉得如果不服用羟考酮，她就无法忍受疼痛。对此她非常抵触，质问我为什么不能"理解她"。待她冷静下来后，坦言自己正面临人生的危机。她已因药物影响驾驶而被吊销了驾照，她的丈夫威胁要离婚，因为她对药物的使用已经严重影响了他们的婚姻和家庭生活。

我告诉珍妮，她的问题很普遍，也没有什么好羞愧的，因为阿片类药物成瘾的问题在全世界范围内都在日益加剧。吗啡、可待因、氢吗啡酮、杜冷丁和羟考酮都是影响阿片受体的受严格管制的阿片类药物，阿片受体是负责情绪、自尊、精神满足、疼痛和睡眠的大脑/身体受体。如果你使用了这类药物，会很快产生一种耐受性，这意味着你需要越来越多的药物才能感受到预期的效果。阿普唑仑、劳拉西泮、地西泮和氯硝西泮作用于另一受体——γ-氨基丁酸受体（与酒精影响的受体相同）。这些药物的效力非常强劲，突然停药可能导致癫痫发作和死亡，所以服用者不能随便停药。

我告诉珍妮，她需要帮助才能戒掉羟考酮和阿普唑仑。除了去康复中心能帮她的身体慢慢戒掉药物，她还需要学习新的技能来应对她的焦虑、睡眠和运动旧伤等。

虽然她很不情愿，但一个月后，珍妮还是进入了一个药物成瘾康复中心，以帮助她戒掉对处方药的依赖。医生们慢慢地让她戒掉了之前一直在服用的药物，然后又给她使用了不会成瘾的可乐定来治疗她的心跳过速的问题。在与她丈夫共同参与的团队会议上，医生为她提供了多种药物维持治疗方案，以防止她出院后再次使用羟考酮。

一个疼痛治疗团队对她的脊柱和脚进行了评估，并诊断出她因多年的芭蕾舞训练而患上了关节炎。因此，珍妮决定服用高剂量的维生素C、葡萄籽提取物和硫酸氨基葡萄糖。这些补充剂结合每周的瑜伽、针灸和亚穆纳身体滚动疗法，帮助她激活了自身的天然治愈能力。如果情况变糟，她也可以使用美沙酮、阿法美沙醇、纳屈酮或丁丙诺啡，但必须在治疗团队的严格监督下使用。

在康复中心，珍妮参加了一个名为辨证行为疗法的治疗项目，这是专为有药物滥用问题的人量身定制的。辨证行为疗法是一种正念训练，能帮助珍妮学会调节自己的焦虑情绪。她与一位精神科医生合作，这位精神科医生精通整合药物疗法与补充医学。因此，除了西番莲、柠檬香蜂草和5-羟色氨酸，医生还给珍妮开了舍曲林片和米氮平。

最后，珍妮需在职业顾问和教练指导下制订一个强有力的长期计划。她开始意识到，自芭蕾舞生涯戛然而止后，人生方向的迷失正是引发药物依赖、疼痛、焦虑和失眠的根源。在职业顾问的帮助下，她找到了一些能够继续让自己从事所爱事业的替代方案，包括创办一所儿童舞蹈学校的构想。

除了在自我认知和巩固自信心方面获得的专业帮助，她还努力应对那些可能导致她上瘾的情绪问题。她用以下肯定语来缓解。

针对焦虑

- 我爱自己,认可自己。
- 我相信生命的过程。
- 我很安全。

针对抑郁

- 我克服了对他人的恐惧和局限。
- 我可以创造自己的生活。

针对恐慌

- 我有能力,也很坚强。
- 我能处理生活中的各种情况。
- 我知道该怎么做。
- 我是安全和自由的。

针对成瘾

- 现在,我发现自己很棒。
- 我选择爱自己,享受真实的自我。

这些治疗方法结合在一起,形成了一个强大的综合计划,帮助珍妮找回了自我。她勇敢地面对生活中的不确定性和痛苦,并治愈了自己的成瘾问题。

第三情绪中心：一切都会好的

第三情绪中心涵盖了广泛的健康问题，包括轻微或严重的消化系统疾病、血糖问题，以及体重与成瘾问题。但这些问题的核心是缺乏自尊、无法平衡内在需求与外在责任。当你感觉良好并拥有健康的自尊心时，你可以在第三情绪中心保持持久的健康。关注身体给你发送的信号，了解自己在情感和身体上的健康状况，找出导致失衡的压力源。只要你倾听并且遵循它的警示，身体就会告诉你答案。

一旦你改变了阻碍你的消极思维模式和行为，学会用"你是谁"来定义自己，而不是用家庭、工作或你为别人做了什么来定义自己，你就会拥有健康。了解自己的弱点，但不要与其纠缠，也不要逃避。提升你的自我价值，意识到你有与生俱来的善良品质。当你脑中出现任何关于"我是谁"的消极想法，请告诉自己："我已经足够好了。我不需要用过度工作来证明我的价值。"

爱自己，一切都会好的。

第 6 章　第四情绪中心：
对表达自我和情绪的需求

可能影响的身体部分：心脏、肺和乳房

第四情绪中心关乎如何平衡你的自身需求与你所处关系中的他人的需求。如果你做不到这一点，你的身体会出现与心脏、乳房或肺部相关的健康问题，例如高胆固醇、高血压、心脏病、囊肿、乳腺炎、癌症、肺炎、哮喘或呼吸急促等。在第四情绪中心，掌握健康的秘诀是学会表达自己的需求和情绪，同时考虑他人的需求和情绪。这是一个给予与接受的平衡问题。

就像其他情绪中心一样，你身体里哪个部位受影响将取决于某些行为或消极的思维模式，而这些会扰乱你在处理一段关系时的情绪平衡。那些不够了解自己情绪的人往往会出现心脏问题，情绪失控的人经常出现肺部问题，而那些只表现出自己乐观一面的人则容易出现乳房问题。稍后谈到身体的各个部分时，我们将更具体地介绍。一般来说，与第四情绪中心健康相关的消极思想和行为往往源自焦虑、易怒、抑郁和长期的情绪问题。第四情绪中心有健康问题的人害怕生活，觉得自己不配过好日子——他们明显不快乐。他们还倾向于过于为他人考虑，把照顾别人的情绪放在照顾自己的情绪之前。

如果你有心脏、乳房或肺部问题，是你的身体在发出某种信号：需要审视你如何在培养一段情绪健康的关系的同时保持自己的情绪健康。这些症状可能不像心脏病发作或乳腺癌那么严重，但可能会表现为乳房胀痛、血压微升或胸闷等不易觉察的症状。

注意这些健康上的细微变化是第一步。和往常一样，对于任何严重的健康问题都要寻求医疗帮助，但也要关注这些健康问题背后的情绪因素。你的目标是改变你的行为和思维方式，这样你就能在为他人付出与滋养自己之间找到舒适的平衡点。

第四情绪中心的肯定理论与科学

露易丝的肯定理论探讨了第四情绪中心可能影响的器官背后的微妙情绪差异。这些方面的健康状况取决于你是否具有充分表达自己所有情绪的能力，以及接纳愤怒、失望和焦虑等负面情绪而不被它们压垮的能力。只有这样，你才有可能真正摆脱愤怒，找到宽恕、爱和快乐的方法。了解、感受和表达你所有的情绪，无论是爱还是喜悦、恐惧还是愤怒，都对你的健康有益。这些情绪让你在生活中稳步前行，正如露易丝所说，这有助于促进血液在心脏和血管中流动。事实上，英文中的"情绪"（emotion）一词来自拉丁文，本义即"移动"。

最终目标是利用肯定思维将消极的想法和行为转化为积极的想法和行为，并真正影响身体变化，例如降低血压和胆固醇，缓解哮喘症状或平衡激素水平（以减少患乳腺囊肿和其他乳腺疾病的风险）。

心脏象征着快乐和安全感的中心，所以心脏问题和高血压疾病与长期存在的情绪问题以及郁郁寡欢有关。因此，心脏整体健康状况——具体涉及高血压和高胆固醇相关的疾病——取决于你能否在生活中找到快乐并用情绪表达这些快乐。抗拒心理和拒绝正视现实的情况与动脉硬化存在一定相关性，动脉硬化是一组以动脉壁增厚、变硬和弹性减退为特征的动脉疾病，会阻碍血液的流动。心脏病发作与为了名利而榨取内心所有的快乐存在一定相关性。通过露易丝肯定理论的视角来审视呼吸和肺部问题，我们会发现：如果你有呼吸困难的症状，说明你害怕或完全拒绝接纳生活。最后，过于关注他人、把伴侣的情绪放在首位，以及忽视滋养自己，这些倾向则与乳房疾病（包括囊肿、胀痛和肿块）存在一定相关性。

那么，关于消极思想和行为与第四情绪中心之间的身心联系，科学对此又作何解释呢？医学科学是否支持"肯定理论有助于心脏、乳房和肺部健康"的观点？

答案是肯定的！通过改变我们的焦虑、沮丧、抑郁和失恋带来的"心碎"情绪，我们可以改善心脏、肺部和乳房的健康。[1]事实上，大量研究表明，情绪表达方式和第四情绪中心相关器官的疾病之间存在联系。

仅就心脏病而言，我们可以从男性和女性心脏病发作的症状中看出端倪。总体而言，女性的心脏疾病症状与男性不同。当心脏病发作时，男性往往呈现更独特的症状模式：典型的左侧胸痛，这种疼痛可能会放射至下颌并沿左臂向下延伸。女性则没有固定的症状模式：她们可能会突然感到肋骨下方消化不适并伴有焦虑，以及一系列其他症状。[2]

科学研究表明，大脑和心脏之间存在联系。因此，男性和女性心脏病发作的不同症状表现可能与其大脑神经回路有关。鉴于此，我们观察心脏病发作模式时可以发现，这些模式恰巧反映了大脑处理情绪的方式。女性的大脑天生具备同时处理事实信息和情感信息的能力，而男性的大脑则倾向于抑制情感活动，主要使用大脑的逻辑区域运作。由于女性的大脑往往具有更强的整合性，她们也更善于将自己的情绪用语言表达出来，因此更愿意就复杂问题进行沟通。男性则很难做到这一点，所以这些情绪很可能会被转化为躯体化或生理反应。[3]也许男性突发心脏病是因为情绪最终不得不以某种方式释放出来——它们以一种更剧烈、更明显的方式表现出来。我不知道原因，科学界也尚未有定论。但就心脏病发作症状而言，男性的心脏如同沸腾的锅炉，而女性的心脏则近似文火慢炖。由此可以看出，情绪和心脏病发作症状似乎有一定关联。

科学还证实了心脏病发作和情绪之间存在其他重要的关联。例如，难以承受重大打击（如亲人离世）的人更有可能在丧亲的第一年里死于心脏病发作或其他心脏疾病。我们也经常看到有人在退休或失业后心脏病发作。[4]这两种状态所带来的绝望感和失败感可能非常强烈，并会影响心脏健康。[5]事实上，有研究表明由此类情绪压力引发心脏病的风险强度，与每天抽一包烟相同。不是一支或两支，而是整整一包！[6]

其他研究也将心脏疾病和心脏病发作与 A 型人格特征联系起来。A 型人格的人往往咄咄逼人、争强好胜。为了维持这种状态，他们的身体需要不断释放应激激素，这会导致血压升高和动脉阻塞。[7]但是我们可以改变自己的想法，从而对我们心脏的健康产生积极的影响。例如，一项研究跟踪调查了一组 A 型人格男性，他们都曾经历过心脏病发作，并在如何改变自己的想法和行为方面接受了咨询，特别是关于如何表达和克服长期存在的敌意和愤怒情绪问题，调查结果发现，他们的心脏病复发率低于未接受咨询的男性。[8]

科学家还发现，压抑的情绪——特别是焦虑、抑郁和愤怒——会导致高血压和血管硬化。那么让我们从抑郁发展到高血压的多米诺骨牌效应是什么？抑郁会导致大脑释放去甲肾上腺素，从而对肾上腺造成压力，继而导致肾上腺释放过多的皮质醇，释放一系列包括细胞因子在内的炎症物质。这些细胞因子导致氧气成为"自由基"，使血液中的胆固醇硬化并黏附在动脉壁上，导致动脉堵塞，进而使血压过高。由此可知，从抑郁到高血压的多米诺骨牌效应，即情绪从大脑转移到心脏的过程。这恰恰表明，情绪上的障碍会导致血液流动受阻。长期处于慢性挫败的人身上也会出现类似的炎症反应。[9]

压抑的情绪与血管健康之间的联系也在许多研究中得到了证实，这些研究着眼于一种名为应激性心肌病的综合征，也叫"心碎综合征"，可能由强烈的情绪反应引发，例如悲伤（如亲人离世）、恐惧、极度愤怒和惊讶。研究发现，那些将愤怒藏在内心深处而不表露出来的患者，可能会出现血管收缩、血压升高、流向心脏的血流量减少的症状。[10]

总体而言，科学支持这样的观点，即被压抑的情绪，特别是焦虑、抑郁和愤怒，与血压问题有一定相关性。[11]

情绪表达和健康之间的相关性同样适用于我们的肺部。[12]在一项研究中，哮喘患者接受了情绪管理或正念疗法，并成功地改善了自身的呼吸道症状。这项研究教会他们如何正视自己正在经历的情绪，指出是什么情境引发了这种情绪，并选择一种健康、合理的反应来缓解情绪。这种情绪管理疗法减少了他们患哮喘的概率，并提高了他们的生活质量。[13]

科学研究还表明，情绪健康会影响乳房的健康。具体来说，终身完全投入养育他人、不能表达愤怒与患乳腺癌的风险之间存在一定相关性。事实上，依靠养育子女来获得自尊和女性身份认同的女性患乳腺癌的风险更大。[14]

也许有乳房问题的女性（我也是其中之一）认为，压抑自己的情绪是在照顾他人。但事实上，这种自我牺牲的行为并不能滋养任何人，反而对自身乳房健康有害。长期以不健康的方式表达愤怒、抑郁和焦虑会扰乱皮质醇的正常水平，从而削弱身体预防癌症的免疫能力。[15]一项研究表明，75%患有癌症的女性倾向于自我牺牲，关照他人多于关照自己。[16]而在乳腺癌的康复过程中，研究表明，获得爱的支持与给予他人爱和关怀一样重要。

那么，既然我们了解了第四情绪中心肯定理论背后的科学原理，那么我们该怎么做才能治愈这些疾病呢？

心脏疾病：对压抑情绪表达的需求

那些心脏有问题（胸痛、心悸、高血压、眩晕）或动脉阻塞的人都难以表达自己的情绪。他们长期压抑情绪，就等着爆发，而且他们时不时就会爆发一次：狂怒、沮丧，或者莫名其妙、出乎意料地突然退缩。冷淡和狂怒之间的摇摆不定使这些人很难与周围的人相处，他们有时宁愿变得孤独，也不愿应对人际关系带来的焦虑。

与心脏有关的症状，即使是那些看起来良性的症状，也可能是严重的。因此，若有任何症状表明你的心脏健康可能出现了问题，一定要去看医生。但是，通过改变行为和思维模式，采取一种长期的健康管理方法也很重要。

要注意倾听你的身体向你传达的关于健康问题背后的情绪的信息，然后通过肯定思维来改变你的心态。例如，非器质性心脏问题可能与长期存在的情绪问题有关，这些问题使心变得坚硬，阻碍了幸福和快乐。因此，我们需要敞开心扉，感受快乐。可以帮助对抗负面情绪的积极自我肯定语是："我很快乐。我用爱滋养心灵和身体，体验喜悦。"动脉硬化，或称为"动脉粥样硬化症"一定程度上与消极的心态、狭窄的心胸和拒绝看到生活中的美好有关。如果你有这些问题，请用肯定思维帮助自己："我可以完全敞开心扉迎接生活和喜悦。我选择以爱的视角去看待问题。"胆固醇问题与害怕或无法接受幸福有关。为了打开与胆固醇有关的被阻塞的快乐通道，你可以使用这样的肯定语："我选择热爱生活，我的快乐通道是完全敞开的，接收快乐是安全的。"为了减轻与高血压相关的、未解决的、长期存在的情绪问题，可以使用这句肯定语:"我愉快地与过去和解。我的内心很平静。"这些都是一些最常见的心脏问题。关于露易丝给出的更具体的肯定语,请在第 10 章中查找对应的具体病症。

为了保护心脏健康,你需要做的重要工作是更多地关注自己的情绪,并学会用有助于克服这些情绪的方式将其表达出来。一定要关注自己的感受,但不要评判它们。试着准确找出引起这种情绪的原因。通过运用你的分析能力,剖析自己的感受来确定情绪的来源和特征,你要把用来解决问题的左脑和情绪化的右脑联系起来。这将有助于你学会表达那些棘手的情绪:首先是对自己,然后是对周围的人。关注自己的情绪也有助于你记录自己的进步。如果你仍然觉得难以管理情绪,你可能会觉察到,在某些情况下自己会恐慌或易怒。慢慢适应这些情况很重要,这样你就不会不知所措、逃避或大怒。

你可能还想通过冥想和写日记等方式来觉察自己的情绪。网上甚至列出了关于情绪的词汇表,你可以多翻看。只要能识别和定义你周围的人是怎么描述自己的情绪的,就有助于你丰富自己的情绪词汇量。

一旦你能够自如地表达自己,与人交往就会变得更容易。这一点很重要。你必须尽力让自己避免孤独的生活。试着在一周中安排各种活动,迫使自己与他人互动。或许,你甚至可以利用这段时间,以志愿者的身份与青少年互动。这些孩子就像你一样正在努力发展他们的社交能力。你可以从与他们的互动中学到很多东西。

如果你能学会如何识别自己的情绪，并以健康或积极的方式巧妙地表达出来，你就会减少患心脏病的概率。否则，你的沮丧、愤怒、悲伤甚至爱，都会爆发出来，并转化为高胆固醇、高血压和心血管疾病。

临床档案：心脏疾病背后的心理之伤

保罗是一名 47 岁的计算机工程师，无论是在家里与家人相处，还是在办公室的格子间里，他都感到非常舒适。但若你让他走出舒适区，去参加鸡尾酒会或进入其他社交场合，他就会变得焦虑和内向。他的天性使他倾向于过一种几乎不需要与人社交的生活。即使他在家和家人在一起时，晚上的大部分时间也是在计算机前度过的。

本来一切都很好，直到保罗的孩子们长大并离开家后，只剩下夫妻二人，妻子开始向他寻求更多的情感交流。但保罗无法回应她，他变得比平时更加焦虑和孤僻。不久，他的血压飙升，开始出现心悸和胸痛症状，并被诊断为心脏冠状动脉阻塞。

为了帮助保罗制订一个长期计划来治愈他的心脏和血管，我们首先帮助他认识到健康的循环系统是什么样的。

心脏是肌性器官,它通过动脉将含氧血液输送到全身各处的组织。如果动脉被胆固醇阻塞,并因动脉硬化而变得僵硬,人们就会患上高血压。

在人体庞大的动脉网络中,有一种是冠状动脉,这是向心脏供血的动脉。如果这些动脉因高胆固醇水平和动脉硬化而阻塞,心脏就无法获得足够的氧气,这会导致胸痛或心绞痛。如果冠状动脉阻塞范围扩大,心肌就会死亡,这一过程被称为"心脏病发作"或"心肌梗死"。

保罗的第一个问题是动脉硬化,但他同时还患有冠状动脉疾病。他有一条冠状动脉阻塞,出现了心绞痛的症状。不过他很幸运,疾病还没有发展到更严重的地步。保罗选择进行紧急心导管检查以清除冠状动脉 90% 的阻塞物。此外,他了解到,如果他不改变自己的生活方式,其他冠状动脉很快就会阻塞。对保罗来说,幸运的是,许多动脉硬化问题的解决方案,如降低胆固醇水平、缓解动脉硬化程度,也适用于治疗冠状动脉疾病。

但是保罗的心悸怎么办?保罗被诊断出患有室性心动过速,这是一种心律失常的疾病。右心房有一系列复杂的心肌纤维,称为"窦房结"和"浦肯野纤维",它们控制着心率和节奏。如果附近的冠状动脉阻塞,正常的心律就会被打乱,从而导致心律失常,比如心动过速或纤颤。解决方案不仅仅是疏通动脉,还要修复造成异常心律的受损神经系统。

为了摆脱心悸,保罗不得不改变生活方式并服用药物。医生为保罗制定了一份严格的短期用药方案,包括舌下含服硝酸甘油(只有当他感到胸痛时服用)、小剂量阿司匹林、盐酸维拉帕米片、β受体阻滞剂和用于降低胆固醇的阿托伐他汀钙片。他还被警告不要使用治疗阳痿的药物,因为这些药物会导致心动过速或心律不齐。

当然,这只是药物治疗。如果他想避免患病甚至避免接受冠状动脉搭桥手术,就必须改变不健康的生活习惯。因此,我们做的第一件事就是解决他的焦虑问题。他与一位心理咨询师合作,制订了一份积极的计划来帮助他克服恐惧,并帮助他戒烟(也是他唯一的应对恐惧的方式)。保罗用香烟来"安抚"他的神经。保罗和心理咨询师所制订的这份计划包括短期服用氯硝西泮,长期使用正念练习和认知行为疗法,以减少他的焦虑、降低血压,以及帮助他戒烟。

减肥对保罗来说也很重要。众所周知,脂肪和胆固醇问题常常密不可分。因此,我们帮助保罗制订了一套他可以坚持的锻炼计划。他通过每天骑20～30分钟的自行车成功减掉了约9千克。

他还去看了营养治疗师,对方让他服用了药用级复合维生素和抗氧化剂,其中包括叶酸、维生素B_6、维生素B_{12}、维生素C、钙、铬、铜、锌、硒和α-生育三烯酚。在制订这些补充计划时,与相关专家合作很重要，因为他们可以根据你的具体情况进行调整，包括你已经在服用的处方药。在咨询医生后，保罗服用了甜叶菊、山楂、蒲公英和番茄红素来降低血压。

除了上述列出的补充剂，还有一种非常重要的补充剂——辅酶Q_{10}。保罗正在服用阿托伐他汀钙片，虽然他汀类药物可能会降低患心脏病的风险，但也会降低人体内辅酶Q_{10}的水平。而辅酶Q_{10}是人体自然产生的，对所有细胞的基本功能都至关重要。因此，补充辅酶Q_{10}非常重要。

如果保罗的心脏病医生认为阿托伐他汀钙片的副作用太大，他会让保罗用一种更自然的方法。红曲米是一种替代的营养补充剂，其效果与一些主要的他汀类药物类似。事实上，洛伐他汀（另一种常用处方药）就是从红曲米中合成的。虾青素类胡萝卜素是一种存在于微藻、鲑鱼、鳟鱼和虾中的抗氧化剂，对胆固醇也有类似他汀类药物的作用。

保罗还开始服用DHA来帮助稳定动脉管壁和情绪，服用乙酰左旋肉碱来保护心脏和大脑。最后，保罗开始服用刺五加，以改善心脏健康并帮助他缓解抑郁。在医生的许可下，他还去看了一位针灸师和中医，他们让保罗开始服用一些中药来降低胆固醇和血压，其中包括杜仲、桑枝、黄芩和夏枯草等。

保罗还考虑过高压氧疗法，因为这种治疗可以改善长期应激和高血压对血管造成的损伤。但最终他决定放弃，主要是因为前往提供该疗法的诊所交通不便。

在应对自身疾病的同时，保罗还努力改变那些可能与他的健康状况不佳有一定相关性的行为和潜在信念。他针对这些问题使用以下肯定语。

针对一般心脏健康问题
- 我的心随着爱的节奏跳动。

针对心脏疾病
- 我很快乐。
- 我用爱充满心灵和身体，体验喜悦。

针对动脉健康
- 我内心充满喜悦，它随着我的心跳而在我身体里流淌。

针对焦虑
- 我爱自己，认可自己，我相信生命的进程。
- 我很安全。

他还努力学习和情绪管理相关的知识。他研究了情绪词汇表并慢慢开始练习向最亲近的人表达自己的需求。如果他出现了被情绪压得喘不过气的感觉，他会停下来看看发生了什么，而不是选择逃避或发怒。

通过主动转变自己的思维和行为，保罗为自己和身边人成功地构筑了一个包含健康人际关系的未来，他不仅学会了表达自己的情绪，还能够有效倾听周围人的情感诉求。

肺部疾病：对强烈情绪掌控的需求

有肺部或呼吸相关问题（如支气管炎、肺炎、流鼻涕、咳嗽、哮喘或花粉过敏）的人难以全身心地投入生活，因为他们试图在情绪的重压下呼吸。他们情绪敏感，极易受影响，可以在瞬间从情绪最高点跌到最低点，而且会受到周围一切事物的影响。与那些有心脏问题的人恰恰相反，有肺部问题的人可能过于沉浸在自己的情绪中，被情绪完全包围。这使得他们很难在社会和人际关系中保持自如而不被击垮。

那么，你该如何应对流鼻涕、咳嗽和喘息呢？首先，与所有急性身体问题一样，请向专业医护人员求助。但也要注意身体向你发出的微妙信号，以了解自己的健康状况。

呼吸问题表明，在与你所爱和关心的人的日常互动中，你必须审视自己处理情绪的能力。如果你对别人的情绪（愤怒、烦躁、悲伤）过于敏感，你可能会容易患上哮喘、感冒、流感或其他呼吸系统疾病。

为了彻底改善肺部问题，我们必须克服长期以来主导我们行动的消极思维模式。露易丝针对肺部问题的肯定思维治疗从广义上解决了与全身心投入和充分享受生活有关的问题。对抗感冒和流感的肯定语是："我很安全，我热爱我的生活。"咳嗽表达着向世界呐喊的渴望："看着我！听我说！"针对反复的咳嗽，露易丝建议使用具有疗愈性的肯定语："我是被关注的和被认可的。我正在被爱着。"

肺部问题（如肺炎、肺气肿和慢性阻塞性肺疾病）与抑郁、悲伤和恐惧有一定相关性，这种恐惧源于无法充分享受生活或自我价值感的缺失。因此，为了抵抗这些负面情绪，可以使用肯定语："我有能力接纳生命的丰盈。我能活出精彩的人生。"肺部疾病在不知如何处理强烈情绪的人中间太常见了。他们应该试着大声说："充分而自由地生活是我与生俱来的权利，我热爱生活，我爱自己，珍视自己，生活爱我，我很安全。"肺炎与感到绝望、对生活感到厌倦以及情感上的创伤无法愈合有关。要重新开始并开始治愈旧伤，请试着重复："我自由地接受充满生命气息和智慧的思想。这是一个新的时刻。"

哮喘与无法呼吸、感到窒息或压抑有关。如果你有哮喘并感到窒息，试着冥想以下句子："现在对我来说是安全的，我可以掌控自己的生活。我选择自由。"如果需要更多的肯定语，详见第10章。

随着你越来越习惯这种新的思维模式，越来越擅长使用肯定语，你的消极思维和行为就会开始改变。这是一个关键时期，所以要努力坚持下去。你的旧习惯是多年养成的，所以你需要一段时间才能改掉它们，但我们向你保证，你可以做到。

肺部疾病患者需要学会控制自己的情绪，不要被情绪左右，也不要让他人的情绪对自己产生太大影响。尽管这看起来似乎有违直觉，但要做到这一点，一种方法是，与你的情绪建立一种不同的关系——以一种新的方式来适应它们。冥想之类的练习可以教会你让自己的内心平静下来。它们可以帮你与内心感觉建立更稳定的关系，还可以帮你重塑思维，这样你就可以学会控制自己的情绪，而不会做出过激反应。

另一种有助于调节剧烈情绪波动的方法是建立一个时间暂停机制。回顾你过去的情绪爆发经历，并尝试找出诱因：是什么触发了这些情绪？它们发生时你感觉如何？什么时候达到了临界点？如果你能识别触发因素及身体对它们的反应，你就能控制住即将失控的情绪。在刚开始时，可能你不会自然而然地做到，但在多练习后终将成功。一旦你意识到身体发出不堪重负的信号，你就能以更积极的方式做出反应。你可以暂停一下——无论是离开紧张的环境，还是仅仅在精神上抽离，让你的情绪平复下来。

当你将正念和肯定思维模式融入日常生活时，你会发现自己不再需要频繁地抽离情绪了。

这些积极的行动和肯定思维将帮你走向情绪更加平衡的生活。如果你想拥有健康的肺部，那就需要学会以更平静和更自控的方式表达自身感受。你可以做到沉稳、克制、有掌控力，同时还充满激情和感性。学会平衡你的情绪与生命中重要伙伴的需求，你的第四情绪中心的健康状况就会得到改善。

临床档案：肺部疾病背后的心理之伤

我的病人玛丽已经 60 岁了，她把自己描述为"情绪的龙卷风"。她一向敏感，她的情绪会随着自己的感情状况、存款余额，甚至天气状况的变化而变化。玛丽表示自己可能前一分钟还在笑，下一分钟就哭了。

玛丽状态好的时候充满激情，状态糟的时候则十分情绪化。她对任何事情都全力以赴，任何情绪都表现得淋漓尽致。朋友们对她的情绪起伏感到筋疲力尽，他们永远无法预料她的行为接下来会有何变化，似乎总有新的状况发生。玛丽开始接受治疗，想弄清为什么自己总是难以控制情绪。一位治疗师诊断她患有双相情感障碍Ⅱ型（双相情感障碍中躁狂程度较轻的一种），而另一位治疗师则诊断她患有边缘型人格障碍。然而，无论是这些诊断还是相应的治疗方法，都没能帮助玛丽维持稳定的人际关系或保住工作。

玛丽从青春期开始就患有哮喘，当她不得不服用类固醇来治疗最严重的呼吸困难症状时，她的情绪变得更糟了。到了十八九岁时，尽管玛丽知道抽烟对肺部有害，但她还是开始抽烟，因为这似乎是唯一能缓解她情绪波动的方式。在一次特别痛苦的失恋后，她抽得更狠了。一天晚上，她咳嗽不止，最后被送进了急诊室。接诊医生警告她必须戒烟：她正处于肺气肿或慢性阻塞性肺疾病的早期阶段。

玛丽有两个健康问题：情绪障碍和肺部疾病。她必须处理她的情绪问题，以改善肺部健康状况。因此，我们就从这里着手。

玛丽想知道她的情绪到底出了什么问题。是重度抑郁症？是双相情感障碍Ⅱ型，还是边缘型人格障碍？现代精神病学在缓解我们情绪痛苦方面做了很多工作，但与其他医学专业不同，它不使用血液检测、CT扫描、磁共振成像或其他客观检测以得出明确的诊断。相反，精神病学家、心理学家、护士或其他护理人员会观察患者的症状和体征，并尝试将这些模式与美国《精神疾病诊断与统计手册》（*DSM-V*）中所列出的情况相匹配。因此，没有实验室数据来支持或反驳诊断。

尽管如此，由于玛丽从三位不同的精神科专家那里得到了三种不同的诊断结果，对她来说，重要的是让自己的情绪得到恰当的治疗。

玛丽最终接受了一个精神科团队的治疗，该团队的重点在于关注她的具体症状和需求，而非过度强调她的诊断标签。团队的主要目标是制订一个有明确治疗目标的计划。在心理咨询师的帮助下，玛丽列出了自己的情绪症状，以明确需要解决的问题。

- 我每天都情绪不稳定。
- 我的情绪会根据周围发生的事情而变化，无论是一天过得不顺利、路上塞车，还是老板大发脾气（这被称为情绪不稳定）。
- 我有暴饮暴食、贪睡、疲劳、自卑、注意力不集中和绝望的问题（这被称为"轻度抑郁"或"心境恶劣"）。
- 我曾多次冲动，包括出现路怒症以及几次被激怒而家暴配偶的情况。
- 我发现大多数抗抑郁药物对我没有效果。
- 我曾在有人突然离开后想自杀，但这种不好的感觉很快就过去了（短暂的自杀念头）。

玛丽的治疗团队很快让她参加了一个名为辨证行为疗法的情

绪技能培训课程。辨证行为疗法植根于藏传佛教和正念理念，帮助玛丽学习稳定情绪和调节日常活动的技巧，这样她就不容易暴饮暴食和贪睡。她还学会了通过危机链分析来转化愤怒情绪和处理短暂的自杀念头。在这个过程中，她学会了将看似无法抵抗的危机分解成可以接受的部分，识别与每个部分相关的情绪，并一步步安抚自己。她每周参加两小时的课程，还有一小时的一对一辅导，以熟练掌握这些非常有效的方法。

为了配合她的情绪管理训练，一位精神科医生开了少量的药物来帮助她稳定情绪。玛丽服用了情绪稳定剂托吡酯和抗抑郁药物安非他酮，这也有助于缓解她的疲劳和注意力不集中问题。

接下来，我们谈一下玛丽的肺部问题。

对哮喘病患者而言，由于过敏、药物副作用、情绪波动、焦虑以及烟草等多种原因，气管和支气管区域会变得非常敏感。当玛丽开始出现喘息、气短和咳嗽症状时，她（像其他人一样）使用了含有兴奋剂沙丁胺醇或万托林的传统吸入剂，一喷即可缓解。当这种暂时的缓解失效时，医生采取了更强效的治疗方案，增强型吸入剂同时含有兴奋剂和类固醇，可以抑制引发哮喘反应的过敏/自身免疫性炎症。玛丽尝试了多款增强型吸入剂，如舒利迭、布地奈德和丙酸氟替卡松，但有时这些甚至都不够。

玛丽床边常备雾化器，可以将药物送入呼吸道深处。在病情特别严重的时候，玛丽会口服类固醇来扑灭体内的过敏反应，但她很快就发现，这些药物有副作用，包括情绪低落、易怒、骨质疏松和体重增加。很快，玛丽开始考虑服用孟鲁司特钠片，这种药通过抑制免疫系统的另一部分来缓解哮喘。尽管这些药物都有副作用，但它们挽救了她的生命，她别无选择。

然而，当玛丽在药物之外使用正念和肯定思维时，她能够舒缓焦虑并成功戒烟，这大大缓解了她的哮喘和肺部问题。

玛丽继续每月接受肺病专科检查，然后逐渐转为每年一次。她还拜访了针灸师和中医，借助各种中药调节她的呼吸问题，包括穿心莲等支气管护理药物。

即使在玛丽的辨证行为疗法课程正式结束后，她仍然坚持正念练习。她还使用了以下肯定语来帮助自己康复。

针对一般肺部健康
- 我完美地平衡了生活。

针对肺部问题
- 我有能力接纳生命的丰盈。
- 我对生活充满热情，我可以充实地生活。

针对肺气肿
- 我有自由生活的权利，我爱生活，也爱我自己。

针对呼吸系统疾病

- 我很安全，我热爱我的生活。

针对慢性阻塞性肺疾病

- 我有能力接纳生命的丰盈。
- 我对生活充满热情，我可以充实地生活。

针对呼吸问题

- 充分而自由地生活是我与生俱来的权利。
- 我值得被爱。
- 我现在选择充实地生活。

玛丽改变了生活方式，也解决了她的焦虑问题，正视了自己的消极信念，从而创造了一种不受呼吸系统疾病困扰的生活。

乳房问题：对自身消极情绪表达的需求

女性和男性都可能出现乳房问题，如囊肿、肿块、酸痛（乳腺炎），甚至癌症。这些人在生活中照顾和呵护他人方面，往往表现得过于强势。这些人在帮别人解决问题和安慰别人时，要比解决自己的问题时自在得多。他们隐藏自己的情绪，不惜一切代价维持稳定的关系。在极端情况下，他们从不发牢骚，从不呻吟，也从不埋怨。他们似乎总是很快乐。

如果你天生就是一个养育者，那么让你不去照顾需要帮助的人很难。我们并不是说你应该放弃做一个充满爱心、体贴和积极投入的人。但你确实需要审视一下，为什么你总会成为过度保护他人，而对自己的事情却不那么上心的那个人。你也可以审视一下自己是如何照顾他人的，并适当放松。那么，怎样才能让你的生活更加平衡呢？

与往常一样，如果你有乳房肿块或疼痛等严重问题，特别是如果你的近亲患有乳腺癌，请立即就医。但是，你也必须关注乳房的长期健康，这意味着要改变那些给身体造成压力的思维模式和行为方式。

让我们直接进入露易丝的肯定思维。乳房与母性和滋养有关，但是滋养必须是双向的。好的肯定思维可以提醒你努力实现这方面的平衡，那就是："我在完美的平衡中吸收和释放营养。"具体来说，乳房问题与你不愿滋养自己有关，因为你把别人放在了第一位。为了消除这种滋养方式上的失衡，试着重复这样一句话："我很重要，我在乎我自己，我现在用爱和快乐来照顾和滋养自己。我允许别人自由地做自己，我们都是安全和自由的。"

实现第四情绪中心平衡的部分工作就是要表达出那些一直潜

藏在内心深处的想法。你也许可以坦然面对他人情绪的起伏，但你无法应对自己的负面情绪，如恐惧、悲伤、失望、抑郁、愤怒或绝望。那么，你该如何学会表达这些情绪呢？关键是要慢慢开始。既然你知道表达情绪——无论好坏——可以拯救自己，那么你就可以从此刻开始，打破你的情绪壁垒。而进入这一状态的最好的办法有两步：一是想想你在生活中遇到的，时时会表现出自己不高兴的那些人，你对他们的看法如何；二是为自己找到一个"情绪助产士"。

第一步对很多人来说是难以实现的。评估你对他人的感受将帮助你更好地了解真实的人际关系。你总是表现得很快乐并不是别人喜欢你的原因。他们喜欢你是因为你就是你。他们接受你是个普通人。当你的朋友经历失望时，你想帮助他们。他们可能也想为你做同样的事。当他们心烦意乱时，你会包容他们，甚至理解他们情绪爆发的原因。当你表达愤怒或挫折时，他们难道不会这样做吗？你的朋友并不会因为你不高兴而不理你。事实上，敞开心扉表达你的各种情绪将有助于加深和巩固你们的关系。

关于"情绪助产士"，我们的意思是找一个人、一个朋友或一个治疗师，当你学习如何表达负面情绪时，他会为你提供一个安全的港湾，要让他知道这是你正在努力学习的事，并向他求助。如果你能够在这样的环境中学会说出自己的悲伤、愤怒和失望，那么你就会更加自在地将其运用在生活中。

需要记住的是,表达负面情绪并不意味着你一直持有消极的态度。如果你向身边人倾诉的是合理的抱怨,你不会变成一个爱抱怨的人。

因此,努力将这种健康的肯定思维融入你的生活:"我公开、自愿且恰当地表达我所有的情绪。"让你的情绪释放出来,在第四情绪中心体验更好的健康状态。

临床档案:乳房问题背后的心理之伤

妮娜是一位 33 岁的女性,她为每个需要她的人提供帮助。她总是能为不速之客准备一顿丰盛的饭菜,或者在朋友遇到困难时为其烤一道美味的甜点。她不仅帮助周围的人,还自愿抽出时间帮助穷人,为有需要的儿童和妇女提供咨询,并教新移民学习英语。即使在面对严峻或令人沮丧的情况时,妮娜仍然乐观积极。

早在社交媒体出现之前,妮娜就设法与生命中各个不同阶段的朋友保持联系。此外,妮娜已婚,育有四个孩子。周围人惊叹于她是如何能毫不费力地应对生活的方方面面的。后来,在一次例行体检中,妮娜的医生发现她的乳房中有一个肿块,诊断结果是良性纤维囊性乳腺病。

纤维囊性乳腺病不是乳腺癌,只是乳房的某些区域出现了更密集的结缔组织。许多人认为这根本不是一种病，但即便如此，妮娜还是很担心。她的母亲就是死于乳腺癌，她希望我们帮助她拥有更健康的乳房。

我们做的第一件事是让她参考我们的好朋友兼同事克里斯蒂安·诺斯鲁普的书《女人的身体 女人的智慧》，因为书中有一整节都是在讲如何拥有健康的乳房。此外，我们也想给她量身定制一个独一无二的方案。

我们讨论的第一件事是她对身边每个人都有过度照顾的倾向。她乳房中的肿块是她生活失衡的一个信号。她的身体在告诉自己，是时候停止对每个人和每件事过度付出了。妮娜的生活方式经常导致其肾上腺压力增加和激素失衡，这种失衡倾向于雌激素占主导。这种激素状态会促进细胞过度生长，其中包括癌细胞。

妮娜还需要调整饮食习惯，尽可能减少雌激素的产生。她必须严格控制动物脂肪的摄入量，因为动物脂肪的摄入可能导致身体产生过多雌激素。她开始吃高纤维食物，以帮助身体通过排便排出雌激素。她吃了很多的西兰花、抱子甘蓝和深色绿叶蔬菜，这些蔬菜通过吲哚-3-甲醇改变了身体代谢雌激素的方式。

她的饮食也需要注重减脂，所以除了针对以雌激素为重点的饮食变化，我们还建议她每顿饭都要吃健康的蛋白质（如海鲜、鸡肉和低脂乳制品）。她还要遵循这样一种饮食模式：营养的早餐、丰盛的午餐，以及不含碳水化合物的清淡晚餐。我们还限制她每天只能喝一杯酒。

为了进一步减重，我们帮助她确定了一些有氧运动，每周5～6次，每次进行30分钟。她决定在健身房交替使用跑步机和椭圆机，以及偶尔在家附近的湖边散步。

我们建议她服用抗氧化剂硒和辅酶Q_{10}来促进细胞功能健康，这将有助于预防乳腺癌。

妮娜还需要积极地治疗她的抑郁症，并学会如何表达她内心的负面情绪。她开始写日记，并寻求心理治疗师的帮助来化解自己的悲伤。她还请她最好的朋友做她的"情绪助产士"。

为了纠正在滋养自己和他人方面的不平衡，妮娜运用了以下肯定语。

针对乳房健康
- 我以绝佳的平衡去汲取和给予滋养。

针对乳房问题
- 我很重要，我在乎我自己。
- 我现在用爱和快乐来照顾和滋养自己。
- 我允许他人自由地做自己。
- 我们都是安全和自由的。

针对抑郁症

- 我现在克服了对他人的恐惧，我能够创造自己的生活。

通过改变自己的生活方式和想法，妮娜成功减重约9千克，并在照顾自己和他人的同时开始表达自己的全部情绪，而不仅仅是快乐的情绪。

第四情绪中心：一切都会好的

当谈到拥有更健康的心脏、乳房和肺部时，我们要认识到男性（和女性）不能仅仅依赖药物和饮食。当然，在医生的监督下，用医疗手段解决急性健康问题至关重要。但为了第四情绪中心的长期健康，我们建议你将注意力转向如何更好地平衡自身需求与生活中他人的需求。

你在情绪上非常强大。一切都会好的。

第 7 章　第五情绪中心：
对倾听和被倾听的需求

可能影响的身体部分：口腔、颈部和甲状腺

　　第五情绪中心的健康状况一定程度上反映的是你在生活中的沟通能力。如果你在沟通方面遇到困难，无论是听不进别人的意见，还是不能有效地表达自己，那么你的口腔、颈部或甲状腺很可能存在健康问题。第五情绪中心健康的关键在于从日常沟通中找到平衡点。

　　记住，沟通是双向的。倾听和交谈都是必不可少的。有效的沟通包含倾听和被倾听。你必须能够清楚地表达自己的观点，同时吸收他人的知识和意见，以便相应地调整自己的行为。

　　沟通能力不足会影响身体的特定部分，具体受影响的位置取决于产生该问题的思维和行为模式。有三种常见的沟通问题可能导致这一情绪中心生病。口腔（包括牙齿、下颌和牙龈）的问题通常出现在那些难以表达和处理个人沮丧情绪的人身上。颈部问题则常见于这样一类人：尽管他们平时拥有完美的沟通技巧，但在无法掌控事态时，他们会变得沮丧和固执。最后，患有甲状腺疾病的人往往具有很强的直觉，却无法将自己所看到的事情表达出来，因为他们过于努力维持和平，渴望赢得他人的认可。在本章的后续部分，我们将谈论这几个部位及其对应的情绪表现。请记住这一点：如果你有甲状腺、下颌、颈部、喉咙和口腔问题，你的身体可能在提醒你要审视自己的沟通能力。

第五情绪中心的肯定理论与科学

依据露易丝的肯定理论，颈部、下颌、甲状腺和口腔的健康取决于能否表达自己。具体来说，喉咙问题与无法畅所欲言以及感到创造力被压抑有关，而扁桃体周围脓肿（扁桃体周围间隙的化脓性炎症）与一种强烈的信念有关，即你不能为自己发声或无法说出自己的需求。感觉"喉咙有异物"与害怕表达自己有关。

颈部问题往往与固执己见和思想封闭有关。无视他人的观点也可能会为颈部僵硬以及其他颈椎问题埋下隐患。

根据肯定理论，当人们被羞辱且不能做自己想做的事情时，往往容易患上甲状腺疾病。不能依自己的意愿行事可能使你更容易患上甲状腺功能减退症，那些感到"无望且窒息"的人患这种疾病的风险更高。

当谈到如颈部、甲状腺和口腔等与第五情绪中心相关的身体部分的身心联系时，医学界有什么看法？

甲状腺是人体最大的内分泌腺之一，它对人体内所有激素都极为敏感，并且会受到沟通能力的极大影响。[1]

女性比男性更容易出现甲状腺问题，尤其在更年期之后。相关研究通常会指出两性之间的生物学差异。[2] 由于甲状腺问题通常在青春期时首次出现，此时我们的睾酮、雌激素和孕酮达到新水平，而在更年期前后，女性体内的激素又降至最低水平，科学家们认为激素的差异与甲状腺功能有关。[3]

然而，激素并不能完全解释两性之间甲状腺疾病的不同发病率。一般来说，男性的睾酮水平较高，这可能使他们在生理上和社交上更加自信，尤其是在发言的时候。[4] 过分自信或无法巧妙地为自己发声会增加患甲状腺疾病的概率。[5] 在女性进入更年期之前，她们体内的雌激素和孕酮水平较高，但还有其他因素在起作用。这些激素水平，加上大脑持续地将情感与语言相结合的运作方式，导致个体的自我反思倾向。尚未进入更年期的女性在沟通时天生倾向于不那么激进和冲动，这意味着她们更有可能为了维护人际关系和家庭纽带而不说出自己的真实想法。这种沟通方式往往能缓和紧张局面，但不一定能满足女性的个人需求。这可能导致她们年纪轻轻就出现甲状腺问题。[6]

更年期后，女性的沟通方式和甲状腺疾病的发病率会发生很大变化。事实上，更年期后的女性患甲状腺疾病的人数高于男性或年轻女性。随着女性进入更年期，雌激素和孕酮的水平下降，而睾酮上升。此时，女性会变得更加冲动，缺乏反省。这种新的沟通方式往往会给她们的人际关系和家庭带来新问题，从而一定程度上导致她们甲状腺疾病的发病率上升。从生理上讲，女性在更年期后更倾向于通过反应、行动和表达来坚持自我。[7]无论是没有明确表达自己的需求，还是无法有效地表达自己的愿望，沟通不畅都可能导致甲状腺问题。如果你无法有效地表达自我，并且感到无助或压抑，或者经常与人发生争执，那么你患甲状腺疾病的风险就会增加。

其他研究也将性格内向和无法表达自我与甲状腺疾病联系起来。具体而言，那些过去曾有过心理创伤并经常在日后的人际关系中与权力作斗争的人，往往会有甲状腺方面的问题。过去的经历使他们卑躬屈膝、过于顺从，无法坚持自我。他们对自己的生活"没有发言权"，缺乏独立、自给自足的动力。[8]

再来看喉咙方面的问题，我们再次看到沟通和健康之间的相互关系。当你不知道说什么的时候会感觉喉咙里有异物，这是由颈部肌肉收缩引起的。在极端情况下，焦虑和恐惧会被转移到颈部的带状肌肉，这些肌肉会压迫你的喉咙，让你觉得喉咙有异物。这种情况多发生在比较内向、焦虑或压抑的人身上。[9]

口腔和下颌的健康状况同样与一个人的沟通能力和维护自

身需求的能力息息相关。研究表明，这种能力以及应对生活压力的方式实际上可能降低牙周病的风险。牙周疾病患者体内的皮质醇和β-内啡肽水平常常会失衡，这是压力在生化层面上的"指纹"。[10]

因此，要努力改善沟通，无论是诉说还是倾听，都会使你的第五情绪中心更加健康。

口腔问题：对提高自己沟通技巧的需求

容易出现口腔健康问题的人，如龋齿、牙龈出血或相关问题（如下颌疼痛或颞下颌关节紊乱综合征等疾病），在沟通的多个方面都有困难。出现这些问题的原因是，他们不愿意谈论，也不解决自己在情感上的失望。在他们感到舒适时，他们愿意说，但不会讨论在亲密关系中困扰自己的事情。这种自我暴露的谈话会令他们尴尬或感到伤自尊。如果他们处于一个不舒或无法激发自身热情的环境中，他们可能会变得冷漠和安静，并且常常更愿意封闭自己。口腔问题都与不能有效地表达个人需求和失望有关。

如果你患有与口腔和下颌相关的问题，去看医生或专家是很重要的，但你也必须注意可能引发这些问题的思维过程和行为。你必须倾听身体发出的信号，否则潜在疾病就会再度复发。

口腔健康与沟通、接受新思想以及滋养有关。如果你生气，沟通就会受阻。你在生气或怨恨时，很难接受别人的观点，也无法做出理智决定，这时牙齿就会出现问题。要想扭转这种犹豫不决的状态，可用的肯定语是："我遵循事实做出决定，这让我感到心安，我知道我的行为都是对的。"下颌问题或颞下颌关节紊乱综合征，往往与想要控制一切或拒绝表达情感有关。相应的具有疗愈性的肯定语是："我愿意改变造成这种状况的内在模式。我爱自己，认可自己。我很安全。"有蛀牙的人往往容易放弃，应该尝试使用的肯定语是："我从爱与同理心出发去做决定。我的新决定支持我，使我坚强。我有新的想法并且会付诸行动，我的新决定让我感到安心。"那些因牙齿疾病或蛀牙而必须进行根管治疗的人，会觉得他们根深蒂固的信念正在被摧毁，他们无法掌控生活，感到生活不安定。他们的新思维模式应该是："我能为自己和我的生活奠定坚实基础。我选择那些给我带来愉悦感和支持力量的信念。我相信自己。一切都会好的。"

一旦你的身体和情绪思维都走上了健康之路，就应将行为上的改变融入今后的生活。重要的是，你要学会说出自己内心深处的问题。不要简单地搁置这些问题。

在这种情况下，最好与心理咨询师或其他"情绪助产士"合作，创造一个安全的空间来表达自己的情绪。虽然一开始可能会觉得尴尬，但让自己慢慢适应健康的沟通方式是有益的。

这也有助于人们更好地掌握如何识别自己的情绪。查找文献（纸质版或电子版）可以帮你精准地了解情绪术语。准确了解这些情绪术语的含义，能让你在谈论它们时感到更自在。

最后，重要的是，你要抵制住将自己与世界隔绝的冲动。把与他人建立真正的联系作为一个目标，这种联系能让你展现自己的各个方面。如果你掌握了与人沟通的技巧，你将拥有更健康的口腔和下颌。

临床档案：口腔问题背后的心理之伤

当塞拉来看我们时，她已经 61 岁了。她在脸颊上敷着一袋冰块，疼痛难忍。当她肿着下颌出现在教堂时，一些关心她的朋友强烈建议她去看牙医。塞拉承认，"几个月"以来她一直强忍疼痛。牙医诊断她患上了骨髓炎，这是一种由严重的牙齿问题引起的骨感染。她有 8 颗龋齿，另外 4 颗牙齿也受到了感染。

塞拉告诉我们，她是在一个充满爱与支持的环境中长大的。她的父母和手足都很爱她、支持她，她的丈夫和孩子们也是如此。她拥有自己所期望的一切，直到她的丈夫去世。她的孩子和孙子都搬走了，而且他们都很忙，很少给她打电话或写信。塞拉不想"成为负担"，所以她不怎么去看望他们，因为"他们现在有自己的生活了"。这是她有生以来第一次感到失落和孤独。她投身于教会活动，这在一段时间内对她有所帮助。但她还是觉得一个人坐在家里更自在。

塞拉的情况透露了她的孩子们从不给她打电话或写信。没有了丈夫和孩子的陪伴，她的生活陷入了人际交往的僵局。她既不知道如何适应没有丈夫的生活，也不知道如何融入孩子们的家庭生活。现在没有人对她主动示好，塞拉觉得自己受到了冷落和排斥。她觉得如果自己开口要求孩子们来看她，她的尊严、骄傲和自尊心受不了。于是，尊严、自尊和悲伤，以及大量的怨恨、暴躁和失望，影响了她的身心健康，间接引发了她的口腔感染。

为了让塞拉恢复健康，并帮助她揭开牙齿问题背后的奥秘，我们首先帮助她认识健康的口腔是什么样子的。人类一共有32颗牙齿，每颗牙齿主要由矿物质组成。牙髓具有神经感知功能，牙本质由牙釉质覆盖，而牙釉质是人体最坚硬的部分。牙本质延伸成牙根，然后嵌入颌骨。牙根区是神经和血管连接牙齿和身体的地方。

口腔的其他部分包括牙龈、舌头和唾液腺。牙龈上总是有细菌，但我们身体的免疫系统会阻止细菌过度繁殖，以免引起炎症，即牙龈炎。

牙龈炎是我们为塞拉解决的第一个问题。她完全不护理牙齿，导致细菌大量滋生，形成牙菌斑，这种酸性物质会腐蚀牙釉质，导致牙龈发炎和萎缩。这使得她的牙根和下颌骨暴露在更多的细菌面前。正是这种细菌不断累积导致了她的疼痛、蛀牙、脓肿和骨髓炎。

除忽视牙齿健康之外，我们还让塞拉回顾了其他增加牙齿患病风险的习惯。她告诉我们，她整天都在吃零食，喝含糖饮料。她还患有胃食管反流病，并在20多岁时经历过一段时间的暴食症，牙齿被催吐时的胃酸腐蚀。

基于此，我们给塞拉提供了建议。首先，她预约了一位声誉良好的牙医，制订长期计划来修复她的口腔、下颌和牙齿。她面临的一个重大决定是，究竟是选择种植牙，还是拔牙之后戴假牙。

塞拉更倾向于种植牙方案，于是她开始与另一位牙医合作，以增强口腔的免疫系统，从而更好地支持种植牙。这套牙科营养方案从辅酶Q_{10}、薰衣草油、金盏花、俄勒冈葡萄和一些药用级抗氧化剂开始。她还将一种紫锥菊软膏涂抹在牙龈上，以改善炎症、缓解疼痛，并减少细菌数量。她的牙齿问题还导致了口臭，塞拉在饮食中加入了欧芹作为天然的口气清新剂，并开始使用一种自制的抗菌漱口水：1茶匙干迷迭香、1茶匙干薄荷、1茶匙茴香籽，在半杯开水中浸泡15～20分钟，然后过滤掉草药和香料。

我们还让塞拉做了骨密度检测。骨质流失会导致下颌骨无法支撑牙齿，最终剩余的牙齿也会变得松动，更易受细菌的侵蚀。检查显示塞拉确实患有骨质疏松症，这解释了为什么在过去的5年里她的身高缩水了5厘米，还掉了一颗臼齿。

为了强化她的骨骼，从而增强她的下颌骨，塞拉求助了一位针灸师和一位中医，他们和她的内科医生合作制定了一份骨骼健康方案。治疗方案包括补充钙、镁、维生素D、DHA和优质复合维生素。

塞拉从未意识到她的暴食症、胃食管反流病和蛀牙之间的关联，但她确实知道吃零食是原因之一。虽然她尝试选择健康零食，如随身携带有机葡萄干和干果等，但这无助于牙齿健康。任何零食只要频繁食用，都会对牙齿有害。除了零食，她还经常咀嚼Tic Tacs糖和其他口气清新糖，以掩盖口臭。

塞拉与一位综合营养师合作，该营养师帮助她制定了一套应对情绪化饮食和生理性饮食问题的方案。营养师建议她改变整天不停吃零食的习惯，有意识地每隔三小时进食一次，并在饭后用清水漱口。而在认知行为治疗师的帮助下，她学会了正视丈夫去世后生活巨变带来的怨恨情绪。与治疗师合作后，她克服了"主动修复家庭关系会伤害自尊"的心理障碍，开始主动联系子女和孙辈，邀请他们回到家中团聚。她也开始敞开心扉与老朋友交往，甚至主动邀约新朋友一起喝咖啡或外出游玩。

最后，她努力改变那些可能与她的口腔和牙齿问题相关的潜在想法。塞拉运用肯定理论来治疗如下问题。

针对下颌问题
- 我愿意改变造成这种状况的内在模式。
- 我爱自己,认可自己。
- 我很安全。

针对一般炎症
- 我的思绪平和、冷静且专注。

针对疑难炎症
- 我愿意改变所有批判模式。
- 我爱自己,认可自己。

针对一般的骨骼健康问题
- 我做事有条理,很平衡。

针对骨骼畸形
- 我尽情地呼吸生命的气息。
- 我放松并信任生命的流动和过程。

针对蛀牙

- 我从爱与同理心出发去做决定。
- 我的新决定支持着我,使我坚强。
- 我有新的想法并且会付诸行动,我的新决定让我感到安心。

针对骨髓炎

- 我平静地接纳并信任生命的过程。
- 我很安全。

通过新的饮食习惯、药物治疗、行为矫正和肯定理论,塞拉克服了影响她口腔的疼痛和炎症。与此同时,她也建立了一些健康持久的人际关系。

颈部问题:对提高倾听能力的需求

颈部疼痛、关节炎和僵硬常常会找上那些沟通(无论是倾听还是表达)能力超强的人。这些人看问题比较全面,但当清晰的沟通未能达到预期效果时,他们往往会生病。当一场争论不能通过沟通来解决,或者当生活中出现他们无法控制的问题时,他们往往会变得焦躁和固执,坚持己见而拒绝考虑其他观点。这种导致沟通中断的挫败感有时会与颈部疾病存在一定关联。

如果你也是那数百万遭受疼痛、僵硬、关节炎、过伸性损伤、椎间盘突出以及其他颈部问题的人之一，你可能已经尝试过各种治疗方法，包括手术、脊椎按摩、针灸、牵引、瑜伽或药物止痛。这些方法或许能带来暂时的缓解，但可能无法根治。那么，改善和平衡沟通以及缓解颈部疼痛的方法是什么呢？

除了药物和行为上的改变，你还必须识别并改变那些引发你健康问题的消极想法。在露易丝的肯定理论中，健康的颈部和颈椎象征着思维灵活性，代表着能够从对话双方视角看问题的能力。但若一个人思想顽固、脾气倔强，就容易出现颈部僵硬或疼痛。一般来说，有颈椎问题的人往往不善于倾听，因为他们固执己见，排斥新观点。他们往往固执僵化，无法理解或接纳他人的观点。针对与颈椎病相关的僵化思想和封闭心态，可用的肯定语是："我欣然接受新思想和新观念，并为消化和吸收它做好准备。我对生活保持平和。"虽然总的主题是沟通，但你的肯定语会因痛苦的根源和潜在的情绪不同而调整。例如，颈部椎间盘突出与生活无依无靠、优柔寡断、无法清楚地表达自己的想法或需求有关。因此，为了治愈疾病，请默念这句话："生命支持我所有的想法，因此，我爱自己，认可自己，一切都会好的。"

当你把肯定语融入日常生活时，你会发现自己的思维方式发生了转变。

当你的颈部恢复健康后，你就必须做出一些根本性的改变，以保持前进时的平衡。学会在沟通中接纳自身的情绪局限，是改善颈部问题的关键之一。你确实拥有令人惊叹的直觉和聆听、理解和逻辑论证能力，但你必须认清自身理性思考和沟通能力的边界。当你遇到无法解决的矛盾时，不要固执己见，否则会倍感受挫。相反，要提醒自己每个问题都有多种答案，需要认识到你只是解决方案的一环。在你可控和不可控的因素之间找到平衡，并懂得何时该退出冲突，这将使你的第五情绪中心更加健康。

对于那些可能患有颈部问题的人，冥想和正念练习很重要。冥想可以帮助你更多地觉察自身情绪，而正念会帮助你即时理解这些情绪是如何影响你的。

一旦你能够识别出那些表明你的沟通方式从"外交官"转变为"独裁者"的身体感受和情绪，你就能有意识地选择更加专注地倾听别人。你可以更努力地保持开放心态。因此，当你遇到难以解决的冲突时，你就能以新的视角、平和的心态去面对。重要的是要认识到，人们可以求同存异，彼此和谐、和平、相爱。多么深刻的洞见。

我们的态度会给自己制造很多问题。固执己见、不知变通以及试图违背他人意愿去改变对方，这些都可能与颈部疾病存在一定相关性。

临床档案：颈部问题背后的心理之伤

52岁的雷琳在家族中以善于化解分歧而闻名，她常常能让各方都满意。每次新闻报道里有重大的法律纠纷，她的家人都会开玩笑说，若雷琳去调解绝对没问题。无论是面对家庭争执还是工作分歧，雷琳都是一位真正的谈判高手，总能理解双方的立场。但她也有固执、任性的时候，像一只叼着骨头的狗，既不放弃，也不听劝。在这种情况下，她会变得咄咄逼人、怒气冲冲，让人避之不及。

雷琳的一生大多以身作则，满腔热情，在担任护士的同时独自抚养两个孩子。她坚信积极思考的力量，并告诉她的孩子和病人：只要你下定决心，一切皆有可能。然而，雷琳的孩子们品行不端。两个孩子自小就惹是生非，但雷琳没有放弃他们。

可她的孩子们成年后仍不知悔改，雷琳开始感到颈部出现剧烈的刺痛，部分手指也开始感觉无力、麻木和有刺痛感。

为了帮助雷琳拥有更健康的颈部，我们需要让她知道健康的颈部是什么样的。人类的脊柱由一系列被称为"椎骨"的骨头组成，这些椎骨相互堆叠在一起，它们之间由蓬松的、具有减震作用的枕头状结构——椎间盘——隔开。椎骨和椎间盘的关键作用在于保护脊髓和神经。这些神经从大脑延伸到身体的每一个可活动部分。

突如其来的发作症状让雷琳很害怕，甚至连她的医生都很担心。当颈部问题迅速恶化时，神经学家通常怀疑可能是椎间盘或更严重的东西压迫了神经或脊髓。尽管雷琳想出去走走以"缓解疼痛"，我们还是建议她听从神经科医生的建议，去做磁共振成像检查，以便更好地了解她颈部的情况。

雷琳的情况有两种可能。一种可能是她患有椎间盘突出，即减震椎间盘略有变形，但脊髓仍有活动的空间。这种不太严重的损伤可以使用非处方止痛药来治疗，如阿司匹林或布洛芬。她还可以通过针灸、气功和亚穆纳身体滚动法来增强颈部上下的肌肉，以避免疼痛发作。

另一种可能是椎间盘滑脱，而这正是雷琳的问题所在。磁共振成像检查证实，她颈部 C7 椎体的椎间盘脱出。磁共振成像检查结果还显示，脱出的椎间盘压迫脊髓，并将脊髓推向椎骨。雷琳的医生担心这会进一步造成神经损伤。

考虑到雷琳的状况迅速恶化，而且椎间盘正在压迫她的脊髓，她的医疗团队认为手术是最佳选择。雷琳选择了一个她信任的神经外科团队，我们确保她会在手术前与麻醉师碰面。

为了做好手术准备，我们建议雷琳使用意象练习。事实证明，可视化和意象练习能让病人平静和放松，并在手术中和手术后促进组织愈合。我们帮助雷琳准确地描绘出医生在手术室里会在她的颈部做什么，这样即使她被麻醉了，也能"配合"医生完成自己的手术。躺上手术台之前，雷琳知道神经外科医生将从她的颈部前方进入，对她的椎骨进行"减压"或移除部分椎骨，摘除病变的椎间盘，并用金属人工"融合器"替代，使她的颈部更加稳固。

手术后，雷琳很惊讶，她完全没有了痛感。她想让颈部保持健康，而运动是康复过程中非常重要的一部分，但术后的几个月里她都无法锻炼。我们建议她回到健身房后，放弃跑步，改用椭圆机训练。有些锻炼器材是专为防止颈部前倾的伤害性姿势而设计的。我们还建议她购买减震性强的高质量鞋，具有类似支撑功能的鞋能为她的双脚提供缓冲，从而保护脊柱。

尽管雷琳并没有人格障碍，但她还是买了玛莎·林内翰所著的《边缘性人格障碍治疗手册》一书，并学习了名为"亲爱的人"的沟通技巧练习。这种正念与自信的练习教你如何用适当的音量与恰当的措辞和语调来说话，以取得最积极的效果。通过这种方式，她学会了何时以及如何与她的孩子、病人或亲人沟通，也懂得了何时应该放手。她还尝试每天进行冥想，以便更好地觉察自身情绪。有了这些技巧，她就能在激烈的争论中识别自己的挫败感，也许就能退一步，不再那么固执。最后，雷琳努力学习气功来缓解她的压力。

雷琳也开始使用肯定语来促进健康。

针对一般的颈部健康问题

- 我的生活很平静。

针对颈部问题

- 我能灵活和轻松地看待问题。
- 做事和看事物的方法是无穷无尽的。
- 我很安全。

针对椎间盘问题

- 我愿意学习爱自己。
- 让爱支持着我。
- 我正在学习相信生活,接纳它的丰盈。
- 我可以放心去信任。

针对一般的疼痛

- 我满怀爱意地放下过去。
- 它们自由了,我也自由了。
- 现在我心中一切安好。

针对一般的关节健康问题

- 我很容易适应变化。

- 我的生命有精神的指引，我总是朝最好的方向前进。

和生活中的其他事情一样，雷琳保持积极乐观的态度，努力改变可能引发她颈部问题的思维模式和行为方式。她很快就重归正常生活，对生活和沟通有了更深刻的领悟。

甲状腺问题：对表达自己和参与感的需求

患有甲状腺疾病的人往往具有很强的洞察力和敏锐的直觉，他们能洞察别人需要什么来改善生活。不幸的是，他们提出的解决方案往往不受欢迎，而且这类人通常不知道如何以社会可接受的方式来表达自己的想法。他们倾向于间接表达，会使用暗示或者表现得犹豫不决来表达自己的意愿，而这一切都是为了避免冲突。然而，如果情况变得太糟或他们的挫败感太强时，他们就会大发脾气，这种情绪会让人避之不及，也使旁人根本听不进他们的意见。无论是哪种情形，患甲状腺疾病的人的沟通方式都不够有效。

甲状腺问题，无论是甲状腺功能亢进（如格雷夫斯病），还是甲状腺功能减退（如桥本甲状腺炎），通常由两个情绪中心主导。因为这种沟通模式在缺乏安全感的亲友群体中非常典型，所以第一和第五情绪中心往往同时受到影响。甲状腺问题通常与免疫系统有关，所以第一情绪中心也会参与其中。因此，在治疗甲状腺时，关注免疫系统很有帮助。不过，在本章中，我们将只关注沟通方式对甲状腺产生的影响。

正如我们讨论过的所有健康问题一样，关键在于找出与疾病有一定相关性的思维和行为模式，并将其转化为积极的、有疗愈作用的思维和行为模式。例如，甲状腺问题通常与沟通有关，同时也与羞耻感有关，即感觉自己永远无法做自己想做的事，或者总是不知道什么时候才能轮到自己。因此，如果你在诉说和倾听之间难以保持平衡，在轮流发言中不知如何应对，或者在意见出现分歧时过于被动，那么你患甲状腺疾病的风险就会增加。你可以通过使用肯定语来改变你的沟通方式。比如这句："我超越了过去的限制，现在我可以自由地、有创造性地表达自己。"你所使用的肯定语将取决于你的甲状腺问题背后不同的思维模式和行为。一方面，如果你患有甲状腺功能亢进（甲状腺功能增强），你可能会因为在对话中被冷落而感到愤怒。为了缓和这种愤怒并提醒自己也是对话的一部分，你可以反复默念："我是生活的中心，我认同自己和我所看到的一切。"另一方面，甲状腺功能减退症（甲状腺功能低下）与放弃和感到绝望、窒息有关。如果你属于这种情况，可以用这句肯定语来帮助自己："我创造了一个全力支持我的新生活。"

你的目标是在生活中寻求平衡，尤其是在沟通方式上。生活中有时退后一步，让别人来引领方向才是明智之举；有时不表露自己的观点也是一种智慧。然而，长期以来缺乏自信会破坏你的健康、人际关系和财务安全。你必须学会坚持自己的想法，并及时地思考，哪怕你们只是在讨论去哪里吃晚饭。你需要学会何时保持沉默，何时畅所欲言，或者介于这两者之间。这是一个微妙的问题。

显然，要学会这种新的沟通方式并不容易。如果你多年来习惯沉默，最好先从小事开始尝试，在安全的环境中表达自己的意见。例如，当你要点可乐时，服务员说："百事可乐可以吗？"你说："不，请给我可口可乐。"即使是拒绝这样简单的事情，也能让你体验到向别人表达真实想法的感觉。身边拥有一些支持你的朋友也不错，当你做决定时，可以让你的好友监督你。当你一开始表示选什么都行时，让他们问问你的真实想法是什么。

当你试图表达自己的意见时，你需要周围的人支持你。别担心他们会有什么反应，而要花更多时间去交流想法。但需要注意不要走向另一个极端——过于强势的表达易遭他人抵触。请记住，和大多数事情一样，沟通的关键是平衡。

临床档案：甲状腺问题背后的心理之伤

拉尔夫今年 38 岁，他的岳父山姆正在培养他接管家族企业。山姆原本计划提前退休，但由于经济不景气而推迟了退休时间。拉尔夫多年来一直与山姆共同经营这家公司，但两人并不是平等的合伙人。即使拉尔夫不同意山姆的某些商业决策，他也没有权力改变他岳父的决定，他甚至从来没有尝试过。

在被压抑多年之后，拉尔夫的健康状况开始受到影响。他疲惫不堪、情绪低落、四肢僵硬、体重增加，还有便秘问题。我们见面时，拉尔夫已被诊断出患有桥本甲状腺炎，这是甲状腺功能减退最常见的病因。即使他严格遵医嘱服药，也没有完全康复，因此拉尔夫找到了我们。

为了帮助拉尔夫彻底康复，我们做的第一件事就是让他全面了解有关甲状腺的知识。甲状腺分泌的激素——T_4（甲状腺素）和 T_3（三碘甲状腺原氨酸），不仅有助于调节人体的基础代谢率，还有助于调节全身肌肉细胞功能，包括四肢、消化道内壁和心肌。此外，这些甲状腺激素还有助于维持大脑、肾脏和生殖系统的正常功能。

因此，如果甲状腺激素水平过低，患上如桥本甲状腺炎，新陈代谢就会变慢，肌肉也会变得无力。疲劳、嗜睡、体重增加、畏寒、头发干枯、皮肤干燥，以及女性月经不调等症状，往往都是甲状腺出现问题的征兆。甲状腺功能减退患者的肌肉无力会表现为便秘、四肢僵硬和痉挛、动作迟缓以及声音低沉。

桥本甲状腺炎是由自身免疫性疾病引起的，因此拉尔夫首先要做的就是去看内科医生，以确定他没有其他未经治疗的自身免疫性疾病，这些疾病需要与甲状腺功能减退症同时治疗。其他这些疾病包括干燥综合征、狼疮、类风湿性关节炎、结节病、硬皮病和 1 型糖尿病。幸运的是，拉尔夫没有患上这些疾病，我们可以只关注他的甲状腺问题。

接下来，拉尔夫的医生排查了所有可能导致他甲状腺激素水平下降的生理原因，包括使用锂盐、他莫昔芬、睾酮替代物、α干扰素等药物或者大剂量的类固醇或雌激素等。这也可能是由垂体或下丘脑功能障碍引起的。拉尔夫没有服用上述这些药物，他也没有垂体或下丘脑疾病，因此医生检查了他目前服用的治疗甲状腺疾病的药物，看能否找到线索。最终，找到了症结所在。

拉尔夫只补充了 T_4。这种补充方式仅对一些人有效，另一些人需要同时补充两种激素。T_3 比 T_4 更强效，据称能更高效地被大脑利用。后来，拉尔夫开始同时补充 T_4 和 T_3。

由于 T_3 调节大脑血清素功能需要一定的时间，我们建议拉尔夫咨询医生，是否可以服用一些补充剂来帮助他进一步提高血清素水平。拉尔夫开始服用 5-羟色氨酸。如果这不见效，他还可以尝试 S-腺苷甲硫氨酸。

接下来，拉尔夫需要解决最初引发桥本甲状腺炎的自身免疫问题。他的甲状腺功能减退是由身体免疫系统产生针对甲状腺的炎症性抗体所致。这可能是由很多原因引起的，但最常见的诱因是病毒或食物过敏。然而，拉尔夫告诉我们，他不愿接受任何限制性饮食方案，所以他不想去做过敏测试。

我们还让拉尔夫去咨询针灸师和中医，以获得更多对他的免疫系统和异常甲状腺的额外治疗支持。他开始服用海带、何首乌、红枣和半夏，这些都有助于改善他的便秘、水肿、疲劳和虚弱症状。

最后，我们把拉尔夫送到一位教练那里，让他学习如何更加自信和巧妙地表达自己的意见，尤其是在激烈的商业场合中。拉尔夫还请他最亲密的老朋友帮助他，朋友非常重视这项任务，特意安排了一些场合让拉尔夫必须表达自己的观点。

拉尔夫开始用这些肯定语来进行练习。

针对甲状腺健康问题
- 我超越了过去的限制，现在可以自由地、有创造性地表达。

针对甲状腺功能减退
- 我亲手创造新生活，给自己定下全力支持我的新原则。

针对抑郁症

- 我现在完全克服了对他人的恐惧，我能够创造自己的生活。

针对甲状腺问题导致的一些症状，可以使用以下肯定语。

针对疲劳

- 我对生活充满热情、活力和激情。

针对麻木

- 我分享自己的感受和爱，我用爱回应每个人。

针对体重超重

- 我接纳自己的感受。
- 我在这里很安全。
- 我可以创造自己的安全感。
- 我爱自己，认可自己。

在医疗团队的指导下，拉尔夫学会了什么时候该勇敢表达，什么时候该保持沉默。他的健康和生活也逐渐回到正轨，他甚至开始在工作中勇敢表达自己的观点，这让他的岳父相信，也许真的到了退休的时候了。

第五情绪中心：一切都会好的

你拥有通过药物、直觉和肯定语来塑造健康的颈部、甲状腺和口腔的能力。如果你在表达方面有问题——无论是过于强势，还是过于被动，你可能已经出现颈部、甲状腺或口腔方面的问题。通过接收身体的信号并改变自己的想法和行为，你就能逐步磨炼自己的沟通技巧，疗愈自己的身体，同时改变自己处理人际关系的方式。

要学会与家人和老板沟通，让他们理解你。如果你在沟通方面有问题，关键在于准确找出问题所在，这样你才能想办法解决它，进而让你的第五情绪中心恢复健康。

世界在倾听，一切都会好的。

第 8 章　第六情绪中心：对现实世界和精神世界平衡的需求

可能影响的身体部分：大脑、眼睛和耳朵

第六情绪中心与大脑、眼睛和耳朵有关，这个中心的健康状况取决于你从所有领域获取信息并将其运用在生活中的能力。它还取决于你的思维方式有多灵活，以及你能否从不同于自己的视角中学习。为了第六情绪中心的健康，你需要具备灵活调整心态的能力，能够顺应变化。在某些特定情境下，从固守立场、坚持原有路径的坚定态度转变为更具探索性、更自由的心态。这种平衡能够让你与时俱进地成长和改变，并专注于当下正在发生的事情，而不是执着于旧有方式，希望回到过去的时光。

与第六情绪中心有关的健康问题涉及从大脑、眼睛和耳朵的疾病到学习与发展等更广泛的主题。与其他情绪中心一样，如果我们讨论的是身体的某个部分，那么疾病通常是由特定的思维和行为模式引起的。然而，当我们讨论更大的主题时，思维和行为并不是疾病的直接诱因，它们只是加剧某些倾向（如注意缺陷多动症或阅读障碍）的因素之一。随着本章后续对身体部分及相关问题展开具体分析，我们将进一步深入探讨这些机制。

第六情绪中心的健康问题源于个体在认知世界和学习方式上的失衡。有些人为现实所累，缺乏精神上的滋养，而另一些人则完全沉浸于形而上学，缺乏脚踏实地的勇气。在面对人生的起伏时，找到平衡这两个领域的方法，会让第六情绪中心变得更健康。

第六情绪中心的肯定理论与科学

根据露易丝·海的肯定语，第六情绪中心的健康取决于接收信息的能力，以及灵活运用逻辑思维应对困境的能力。

大脑就像一台计算机，接收信息、处理信息，然后执行相应的功能。信息从我们身体的每个部分传到大脑，再从大脑传回身体。然而，大脑的工作可能会被恐惧、愤怒和缺乏灵活性等情绪因素所干扰。例如，帕金森病患者可能会被恐惧、控制一切人和事物的强烈欲望所支配。

眼睛和耳朵是你获取外界信息的通道，其健康与你对所接收信息的喜好存在一定相关性。例如，一些眼部问题与你对当前处境所感到的恐惧或愤怒有关。有眼疾的儿童也许是想避免看到家庭内部的矛盾，而老人患白内障往往与对未来的焦虑有关。

那么，让我们看看医学科学对第六情绪中心相关疾病背后的身心联系的解释。

大量文献表明，特定人格类型可能会使某些人易患梅尼埃病或其他耳部疾病。A型人格的人患这种疾病的风险更高。研究表明，当A型人格的人在与人沟通时，他们往往只能接收约20%的语言信息量。[1]尽管梅尼埃病患者外表看似冷静自持，但他们往往终生难以应对外部环境，容易感到焦虑、恐惧、抑郁以及失控。[2]此类患者更有可能无法应对变化带来的不确定性。

几千年来，中医研究把"肝开窍于目""怒伤肝"等情致失调视为疾病诱因，认为长期沮丧、愤怒和烦躁等负面情绪会通过肝经影响眼部。有趣的是，科学研究也开始关注眼疾的心理因素。在一项研究中，患有眼疾的人表示，他们正在积极地"屏蔽"那些令自己太痛苦而无法忍受的感受。[3]

帕金森病患者往往表现出终生抑郁、恐惧、焦虑的倾向，并有控制自身情绪和环境的习惯。科学研究表明，这些患者可能天生多巴胺水平较低，这使他们形成了规避风险和逃避改变的性格特质。帕金森病患者往往坚忍克己、遵纪守法。他们是值得信赖的公民，勤劳努力并且投身多个组织的工作。他们很可能身居要职，处于负责或掌控的位置。[4]

既然你已了解这一情绪中心相关疾病背后的科学原理，那么下一步该如何疗愈第六情绪中心出现的相关问题呢？

大脑问题：对积极信念的需求

患有偏头痛、其他类型头痛、失眠、癫痫、记忆力障碍、脑卒中、多发性硬化症、阿尔茨海默病或帕金森病等大脑相关疾病的人群，往往试图以务实的方式生活。他们渴望在同时运用创造性大脑右半球与逻辑性大脑左半球的活动中表现出色。这类人通常追求成为跨领域通才，从数学到历史，从绘画到音乐，均有所涉猎。长期维持这种状态可能导致认知危机，迫使他们从全新的视角看待世界。当脑部疾病发生时，他们无法再依赖过去惯用的学习路径，必须转向更高层次的智力资源和信仰支撑。

如果你存在上述任何一种脑部问题，请先去看医生，当前已有有效的药物和治疗方案可供选择。然而，现代医学和替代疗法只能做到短期控制。一旦急性症状得到控制，就要采取下一步治疗措施。长期保持健康的关键在于改变那些消极的想法和行为，这些消极的想法和行为会影响大脑的功能并引发疾病，在某些情况下甚至是非常严重的疾病。

学习用新的智慧认知世界，一定程度上可降低脑部疾病发生的风险并缓解已存在的症状。多数被确诊患有脑部疾病的人都会感到恐惧和焦虑。此时肯定思维就非常重要，因为它有助于重塑大脑思维模式，消除那些加重病情的消极想法，助你建立新的思维方式，并让你重获信心。积极思维确实能促进你的康复进程。

重塑你的大脑，使其以新的思维方式思考问题，并在自己的经历中找到自信，这有助于消除那些可能加重你病痛的想法。例如，肯定理论认为，与癫痫相关的思维模式包括无法接纳当下、持续的内心挣扎和感觉受到迫害。你可以试着接纳当下，看到生活的美好，并使用肯定语："生命是永恒的和快乐的。我是喜悦的、平和的。"失眠与恐惧感、内疚感以及不信任生命过程有关。如果你有失眠和焦虑的问题，你可以通过这样的肯定语来平复你的神经，更好地入睡："我满怀爱意地放下今天，安然进入平静的睡眠，因为我知道明天会自然到来。"同样，偏头痛与无法接受当下有关，也与害怕被催促或被驱使有关。你可以通过放下执念并重复这句肯定语来缓解偏头痛："我很放松，一切顺其自然，我可以轻松地获得我所需的一切。我是自己生活的主宰者。"

阿尔茨海默病和其他类型的痴呆症往往表现为拒绝接受现实世界、固守旧的思维方式、畏惧新观念，并伴随无助感和愤怒情绪。如果你也有这些表现，请以开放心态接纳新的生活方式，并默念："我愿意用一种新的、更好的方式体验生活，我能原谅并放下过去，我会快乐起来。"如果你担心衰老和记忆力减退，且感觉陷入困境，那就转变评判的心态，默念："我全然接受每个年龄段的自己。生命中的每一刻都是完美的。"帕金森病患者常伴有强烈恐惧感与控制一切的执念。可通过以下肯定语来放松掌控欲："我知道自己是安全的，我很放松。生命眷顾着我，我相信生命的过程。"多发性硬化症则与思维僵化、精神固执及意志过分坚决相关。因此，我们可以默念这句："以爱和快乐的心态，我创造了一个充满爱和快乐的世界，我现在是安全且自由的。"

这些都是最常见的与脑部相关的疾病。关于露易丝推荐的针对其他脑部疾病的肯定语，详见第10章。

为了治愈与第六情绪中心相关的脑部问题并获得更健康的心态，你必须努力将其他形式的智慧和精神带入你的生活。精神是指与高于自我的存在建立连接。有些问题不是通过学习或逻辑就能解决的，而是要通过冥想来解决。重要的是，你要明白有一股力量连接着万物，包括你自己。

如果你想被治愈，那么你需要努力与精神世界建立联系，但是如何做到这一点，具体方式因人而异。你可以每天早上留出一些时间来冥想，或者在大自然中行走——不去评判，不去思考，不去揣度。单纯感受存在之美。

如果你能在世俗中平衡精神和超凡智慧，你的第六情绪中心便能健康无虞。

临床档案：脑部问题背后的心理之伤

27岁的自由网页设计师凡妮莎拥有惊人的记忆力，她对从艺术到化学等多个领域都有兴趣。尽管高中毕业后她没能考上全日制大学，但她决心深造，于是在当地社区大学上夜校。凡妮莎十分聪明和健谈，总被邀请参加派对和晚宴，广交好友。

尽管没有接受正规高等教育，凡妮莎的自由职业生涯却蒸蒸日上。不过，在赚钱的同时，她也感受到了创造力方面的压力。在创业几年后，她开始感到手臂和双手有刺痛和麻木感，总是感到精疲力竭，伴有剧烈头痛。她以为这是长时间坐在计算机前工作造成的颈部劳损，于是花了数百美元购买了符合人体工学的办公设备，可这似乎并没有什么帮助。后来某一天，凡妮莎醒来时发现视力模糊，站立不稳。她预约的家庭医生建议她去看神经科医生。诊断结果令她震惊，医生认为凡妮莎可能患有多发性硬化症，并解释道："这是一种渐进性神经系统疾病，患者大脑和脊髓神经纤维通路受损。"虽然医生建议她做进一步检查，但凡妮莎太害怕了，不敢复诊。

当凡妮莎来找我们时，我们做的第一件事就是让她理解多发性硬化症的诊断并不是世界末日。通过正确的治疗，许多人能够让自己的病情得到缓解，过上充实、快乐且舒适的生活。但是，正如菲尔博士所说："如果你不能清晰地了解病情，就无法治疗它。"因此，我们鼓励凡妮莎去找她信任的神经科医生进行后续检查，以查明自己的中枢神经系统、大脑和脊髓究竟出了什么问题。

一个月内，她完成了就诊并接受了多项检查：接受磁共振成像以检查大脑或脊髓是否损伤，做了腰椎穿刺以测定是否存在一种名为寡克隆区带的特定蛋白质，还做了视觉诱发电位测试以测量大脑中的电活动。磁共振成像和腰椎穿刺结果显示她确实患有多发性硬化症，血液检查进一步确认她的症状不是由莱姆病、脑卒中或艾滋病等其他疾病引起的。

凡妮莎组建了一支综合医疗团队，来商讨针对她的多发性硬化症的下一步治疗方案。

为了制订凡妮莎的大脑健康计划，我们首先帮她认识到健康的大脑和神经系统是怎样的。我们的中枢神经系统包括大脑和脊髓，看起来就像顶在棍子上的一个橙子。与橙子类似，大脑外层是坚硬的深色细胞，内层则是颜色较浅的神经纤维区域。多发性硬化症是一种自身免疫性疾病，患者的白细胞会产生抗体来攻击颜色较浅的神经纤维区域。在多发性硬化症中，大脑中的神经纤维以及那些延伸至脊髓的神经纤维会形成白色斑块，留下疤痕，以致大脑和身体之间无法正常传递信号。了解了这些知识，凡妮莎可以用意象（可视化）的方法，在想象中看到她的神经纤维疤痕逐渐消失。我们帮她找到了引导性意象疗法的音频，包括一张专为多发性硬化症患者制作的CD。这张名为《帮助缓解多发性硬化症的冥想》的CD，是由引导性意象疗法的先驱者贝勒鲁斯·纳帕斯特克制作的，她帮助证明了这种疗法的有益效果。

其次，我们让凡妮莎回到她的神经科医生那里，医生为她开具了可用于治疗多发性硬化症的药物。对于这种疾病，医生使用药物有三个目标：治疗症状、防止复发以及改变疾病的长期病程。

凡妮莎的症状包括手脚麻木、刺痛和站立不稳（医学上称为"痉挛性共济失调"），并且还伴随着疲劳、视力模糊和剧烈头痛。医生给她开了巴氯芬、丹曲林等药物，并配合物理疗法来缓解肢体症状，还用金刚烷胺和其他兴奋剂类药物对抗疲劳。针对她的突发性症状——间歇性头痛和视力模糊，医生建议她服用一个疗程的类固醇。医生还建议使用β-干扰素、醋酸格拉替雷或其他药物以减轻这种疾病的长期影响。据说这些药物能使复发率降低30%～60%，但也有可能出现严重的副作用。经过深思熟虑，由于自己的症状较轻，凡妮莎选择了短期服用类固醇药物。目前，她想暂缓使用其他药物，但仍会与神经科医生保持联系以监测症状发展。

随后，凡妮莎去见了一位综合内科医生兼营养师，这位专家可以从症状管理和疾病预防的角度来治疗她的疾病。他着力调节凡妮莎失控的免疫系统，该系统正在"攻击"她的大脑和脊髓。凡妮莎开始服用DHA、钙、镁、铜、硒和一种含有维生素B_1、维生素B_6和维生素B_{12}的药用级复合B族维生素。同时凡妮莎戒掉了含咖啡因的饮料以及任何含有阿斯巴甜或味精的食物，因为这些物质会影响多发性硬化症患者。凡妮莎还怀疑小麦不耐受可能加剧了她的症状，因此她开始从饮食中剔除小麦制品。

接下来，她去见了一位针灸师和中医，医生通过针刺特定穴位和草药来减轻她的肢体痉挛、头痛和疲劳。他建议凡妮莎使用乳香和银杏叶，前者可以减少大脑自身免疫攻击，后者已被研究证明可以降低多发性硬化症患者大脑的炎症反应。凡妮莎还服用了七叶树，这是另一种具有抗炎和抗水肿作用的草药。医生甚至建议她尝试长寿饮食法，试图"重置"她异常的免疫系统。

凡妮莎的医生团队里还有一名藏医，他帮她找到了一种适合她个人需求的草药配方，这一草药配方已被证明可以增强肌肉力量，服用该配方的患者甚至在一些神经系统测试中表现出了改善迹象。

除了这些生理上的调节，凡妮莎还开始改变那些可能加重病情的思维模式。她开始使用肯定语来进行辅助治疗。

针对多发性硬化症
- 以爱和快乐的心态，我创造了一个充满爱和快乐的世界，我现在是安全且自由的。

针对麻木
- 我分享自己的感受和爱。
- 我用爱来回应每个人。

针对疲劳
- 我对生活充满热情、活力和激情。

针对头痛
- 我爱自己，认可自己。
- 我用爱看待自我与所为，我很安全。

针对一般眼睛健康问题
- 我以爱与喜悦观照万物。

针对眼睛问题
- 我正在创造心之所向的生活。

我们还向她强调了冥想的重要性。起初她有些犹豫，但还是决定尝试，此后每个清晨，她都会在家附近的树林里冥想半小时。

经过多番努力，凡妮莎得以控制多发性硬化症的症状，继续享受健康而充实的生活。

学习与发展问题：对自由追求个人兴趣爱好的需求

虽然很多人将学习与发展问题归类为大脑障碍，但我们对此有不同的看法。人类诞育之初皆携带着独特的神经回路预设。有些人在以空间感知和情感等为主要功能的右半球上更有优势，而另一些人则在以逻辑和分析等为主要功能的左半球上更有优势。当涉及学习问题时，我们发现有些人生活、学习、工作的环境往往压制了他们的学习潜能。在学习和工作中屡屡受挫后，他们形成了不健康的心理定势，认为自己愚笨、懒惰且注定失败。他们遇到的许多问题大多源于其思维方式偏向某一极端——要么过度依赖右半球，要么过度依赖左半球。这两种思维方式各有利弊。例如，倾向使用右半球的人往往能够洞察全局，能从一个全新的、令人兴奋的角度去看待问题，却难以应对高度结构化的社会中的细节问题。倾向使用左半球的人往往在数学和科学等领域表现出色，却无法很好地应对生活中的情感问题。这种情况绝非简单的左右半球主导优势的差异，实则是智力发展朝单方向极度失衡，丧失了调用另一半球的核心特质的能力。

现在有诸多治疗手段，部分案例中辅以药物干预，可缓解和学习与发展问题相关的症状。为了第六情绪中心的健康，患者及其家属有必要对可能加剧症状的行为和潜在思维模式进行干预。

在探究发展性障碍与学习问题时，我们可在以下典型表现中观察到神经多样性的极致呈现：阅读障碍、注意缺陷多动症、阿斯伯格综合征等。患有阅读障碍（一种语言性学习差异）的人通常右半球功能显著强于左半球，这些患者无法专注于语言的细节。阿斯伯格综合征（一种广泛性发育差异）患者的左半球功能较强，常伴有高度专注、细节导向，以及卓越的数理能力。每个人的大脑工作方式都略有不同，有其独特的优势和劣势。然而，注意障碍、注意缺陷多动症、阿斯伯格综合征和阅读障碍群体的神经连接模式，实为神经发育差异的显著表达。正因如此，路易丝的肯定理论拒绝将其病理化为真正的障碍，因为这些特质本是人类神经谱系的自然延展。关键在于如何引导大脑发展出最优的运作模式。要做到这一点的一种方法是，识别并改变那些阻碍你发挥全部智力天赋的消极思维模式。

为了解决注意缺陷多动症背后的思维模式问题，露易丝建议使用的肯定语是："生活爱我。我爱现在的自己。我可以自由地创造适合自己的快乐生活。我的世界一切都会安好的。"但她也建议你使用其他肯定语来针对该疾病的一些共同特征。例如，与注意缺陷多动症相关的多动症通常伴随着与压迫感和慌乱感相关的思维模式。因此，若你经常多动或注意力不集中，你可能需要能带来平静的肯定语来释放内心的焦虑和担忧。可用的肯定语是："我很安全。所有压力都消失了。我已经足够好了。"口吃是一种与阅读障碍有关的行为，可能是由缺乏安全感和缺乏自我表达引起的。如果你口吃，可以放慢语速，提醒自己是有力量和信心表达需求的，并肯定地说："我可以自由地为自己发声。我现在可以很自信地表达自己的想法。我用爱表达自己。"阿斯伯格综合征通常与抑郁症相关，因此，如果你正受此困扰，可以使用的肯定语是："此刻我超越了他人的恐惧和限制。我正在创造自己的人生。"

当你开始将路易丝的肯定语融入生活时，你会发现过去拖累你的想法和行为开始发生转变。你应该会减少焦虑和不安，变得更加平静和专注。有时，你仍会回到旧模式，这很自然。很可能你过去的人生大部分时间都是这样的状态，所以不要期待立竿见影的疗愈效果。对自己所做的改变要给予肯定，并留意自己仍需努力的地方。

作为一个拥有独特大脑结构的人，你可能需要自由地去追求自己真正感兴趣的领域。突如其来的变化、规则、任务和要求可能会让你陷入停滞。但是，学习障碍并不意味着你会永远挣扎，也不意味着你的人生会不幸。那些有注意力问题以及其他学习与发展问题的人，若能遵循这种身心改造的方法，就会惊讶地发现自己曾因散漫和无序浪费了多少精力。养成一些新习惯，记住你的承诺，就能腾出时间来培养你惊人的创造力。你完全有可能既保持大局观上的清晰，又兼顾细节。关键在于改变你的思维和行为方式，努力在培养创造性思维和让自己立足于现实世界之间取得平衡。你是一个能干且坚强的人，要不断用这句肯定语提醒自己："我是我大脑的主宰。我爱真实的自己。我已经足够好了。一切都会好的。"

除了肯定自己，还有许多行为上的改变可以帮助有发育和学习问题的人的大脑恢复平衡。开启你的情绪疗愈的第一步，是努力开发另一半大脑的功能。例如，注重细节、逻辑、条理的左半球发达的人，需要尽一切可能在生活中融入更多自由流动的情感和创造力。这种转变可能会令人惶恐，所以不要独自尝试。找一个你信任的人，让他帮你规划一天或一小时的活动。虽然你不知道接下来会发生什么，但知道这是一个你信任的人所安排的行程，就可以安心踏上这段旅程。通过渐进方式尝试自发活动，本质上为你构建了一张隐形的安全网，尽管你可能感觉不到它的存在。寻求专业治疗师的帮助对你来说也很重要。你可以尝试找一位认知行为治疗师或辨证行为治疗师，他们能帮你识别和应对引发焦虑和恐惧的思维模式。

如果你是一个思维自由、富有创造力、右半球发达的人，那么你要做的事情恰恰相反。你需要慢慢地让自己的生活有条理。不要试图一次性完成所有改变，因为这会使你不知所措并毁掉你的努力。一个实用的策略是使用"两步法"。如果你发现自己无法集中注意力做出决定或解决问题，只需每次处理两步。具体做法是：拿出笔和纸，写下基于当前情况你所了解的两个事实，然后再想出另外两个相关的事实，接着再写下两个。如果你重复这个过程，就会发现自己最终会找到问题的核心所在。即使你的大脑思绪涣散,这种技巧也能帮助你集中注意力。

你也可以寻找一个能帮助你逐渐变得有条理的人。学习教练可以向你介绍一些基本方法,让你过上更有条理的生活。他们还可以帮你找到适合自己的工具,无论是日程规划本、索引卡片,还是其他有助于你把事情安排得有序的方法。如果你觉得自己足够勇敢,甚至可以尝试找一份兼职或实习工作,这份工作应该既能发挥你的创造力,同时又需要你关注一些细节。

临床档案:学习障碍背后的心理之伤

现年30多岁的塔拉在一个近乎军事化管理的家庭中长大,她的父亲是一名美国海军陆战队队员,强调纪律、规则和专注。有些孩子能适应这种教育方式,但塔拉并不适应。更糟的是,她就读的学校位于军事基地内,也奉行了类似严格的教育理念,采用死记硬背和其他传统的教学方法。塔拉感到迷茫和无助。她无法集中注意力,也很难以按时完成作业。由于担心她的学习成绩,父母带她去看了精神科医生。精神科医生诊断她患有注意缺陷多动症,并给她开了盐酸哌醋甲酯。

塔拉的注意力略有改善,但盐酸哌醋甲酯无法解决她的根本问题——她适应不了传统教育。在成年之后,塔拉决定搬到纽约,就读设计学院并在时尚行业工作,以发挥她非凡的创造力。但她很快就遇到了学业上的问题:尽管设计对她来说得心应手,但由于缺乏组织和规划项目的能力,她无法应对必需的考试,也无法完成项目作业。尽管导师对她的设计和才华赞赏有加,但她还是陷入被留校察看的境地。缺乏专注让她在小时候就遭遇学业上的挫折,如今这一幕再次上演。

塔拉开始尝试使用肯定语来转变她的思维。

针对注意缺陷多动症

- 生活爱我,我爱我真实的样子。
- 我可以自由地创造一种属于我的快乐生活。
- 我的世界一切都会好的。

针对焦虑

- 我爱自己,接纳自己,我相信生命的过程。
- 我是安全的。

针对多动症

- 我是安全的。所有压力都会消散。
- 我足够优秀。

尽管她已经去看了医生并考虑再次服用盐酸哌醋甲酯，但她还想了解所有可用的选择，帮助自己学习。因此，我们做的第一件事就是向她解释专注力高的人的大脑通常是如何运作的。我们告诉她：右半球主要关注形状、颜色、情感和整体主题，而左半球则更倾向于关注细节、文字和逻辑。作为人类，我们还有 4 种运用注意力的类型。

1. **集中性注意**：我们能够排除干扰，并根据优先级确定关注顺序。
2. **分配性注意**：这种能力让我们能够将注意力分散在周围环境中的多个事物上。
3. **持久性注意**：这种状态需要持续的警觉性和心理耐力。
4. **情感和直觉注意**：这种能力会让我们关注生活中自己或身边人处于困境、恋爱或其他强烈情感状态的情形。

大脑的连接方式会使人更容易倾向于某一种注意力类型，但这也会随着年龄的增长而改变。在三四岁时，情感和直觉注意主导着我们的生活，所以我们只专注于自己想要的东西，无论是一块糖果还是小睡一会儿。随着年龄的增长，注意力网络中的其他成员通常会陆续加入。我们开始发展集中性注意、分配性注意、持久性注意和情感注意的能力。例如，我们大多数人上高中时，就已经学会了将注意力分散在老师所讲的课和我们喜欢的人的举动上。我们也可能更擅长在专心做作业时屏蔽音乐的干扰。我说"大多数人"是因为并不是每个人都能发展出这些能力。但这并不意味着他们无法学会运用其中任何一种注意力。每个人都拥有各自的优势和不足，这些都可以通过教学指导、药物干预和营养支持来改善。

塔拉进行了一次全面的神经心理学评估，以确定她的大脑在注意力、学习和记忆方面的状态。正如人们对艺术家所期望的那样，塔拉对三维形状和其他右半球功能相关元素具有良好的注意力，但在涉及左半球主导的关注细节时很容易分心。当她收到书面或口头指示时，她可能会完全不知所措，事实上，她的左半球发育性语言缺陷首次被诊断为阅读障碍。

当塔拉的神经心理学家向她解释了她真实的大脑状态时，她感到非常兴奋。她突然意识到为什么自己很难按时完成阅读作业。她并不笨。事实上，她右半球的"视觉空间"智力得分较高，甚至高得离谱，这表明她的大脑天生就是艺术家的大脑，她只需要调整自己的学习方式，就能按要求完成必要的阅读，并在课堂上注意细节，从而完成作业。

塔拉重获信心，开始寻找导师。她找到了一位虽患有阅读障碍和注意障碍，却仍成功完成了严苛的学术训练的教授。在他的帮助下，塔拉学会了一系列补偿性技巧，包括：（1）使用颜色编码的日历系统来让自己按计划行事;(2)使用声音响亮的计时器,设定好时间,当她在某个细节上过度纠结时,计时器会提醒她必须继续推进任务;(3)将任务转化为图解和流程图,以便她可以更好地确定任务的优先级和时间节点。

在医生的指导和支持下,她制定了一套个性化用药方案:在压力过大时服用盐酸哌醋甲酯,在压力不大时服用强度较弱的兴奋剂安非他酮。她咨询了医生,甚至在度假的几个月里停了药。但我们建议她每天服用乙酰左旋肉碱、DHA 和银杏叶等补充剂,以帮助她集中注意力。

在饮食方面,我们告诉塔拉将咖啡因的摄入量保持在最低限度,因为咖啡因也是一种兴奋剂,可能会使她的注意力问题复杂化。最后,我们告诉她,在饮酒后要关注自己的精神状态。最终,塔拉决定戒酒,因为酒精会让她头脑混乱。

尝试了这些方法后,塔拉从设计学院顺利毕业并成了一名设计师。她甚至将自己的产品卖给了几家大型百货公司。

眼睛和耳朵问题:对现实世界和精神世界之间的平衡的需求

眼睛和耳朵有问题的人往往很难平衡逻辑思考与精神沉思之

间的关系。无论是完全沉迷于精神世界还是完全陷入现实琐事，这两种极端都不可取。当你大部分时间沉浸在精神世界中时，你就无法切身体验世俗的事物，比如流行文化、政治或其他大多数人关心的话题。因此，你可能会变得孤僻，与朋友、恋人或同事疏离。

眼睛和耳朵的疾患可能与那些阻碍你感知所见所闻的思维模式和行为有一定相关性。因此，改变这些思维模式和行为非常重要。露易丝列举了一些肯定语，可以帮助你缓解常伴随眼睛和耳朵问题出现的恐惧和焦虑。例如，眼睛问题一定程度上与你对生活现状的不满有关。你可以使用的肯定语是："我用爱和喜悦去看待一切。"近视与对未来的恐惧有一定相关性。如果你总是担心未来会发生什么，要提醒自己活在当下，并使用肯定语："我相信生命的过程。我很安全。"相反，远视则与对当下的恐惧有一定相关性。如果你看不清眼前的事物，请对自己说："我此时此刻很安全。我看得很清楚。"白内障等眼部疾病（眼睛晶状体混浊）可能会让你认为未来暗淡无光，可以尝试新的肯定语："生命是永恒的，充满欢乐。我期待着每一个时刻。我很安全。生命爱我。"青光眼是一种视神经疾病，源于长期强烈的伤痛所导致的对生活的扭曲感知。想放下过去的伤痛，开始进行疗愈，可以使用的肯定语是："我用爱和温柔看待一切。"这些是关于眼睛的主要疾病，你也可以参考第 10 章，来查找其他与眼睛

191

有关的肯定语。

耳朵代表我们的听觉能力，因此，耳朵功能的损伤意味着无法听到外界的声音，或意味着无法向外界完全敞开心扉。耳朵问题也与缺乏信任有关，可以使用这句肯定语："我摒弃所有与爱的声音不同的想法。我以爱倾听内心的声音。"耳聋象征着自我封闭、固执己见，以及拒绝聆听，可用这句肯定语打开自己的新思路："我倾听上天指引，欣悦接纳所闻。我与万物合一。"耳痛一定程度上与不愿倾听有关，夹杂着愤怒和记忆中的混乱，例如父母争吵。可以用这句肯定语来释放你心中的愤怒和混乱："我用爱心倾听美好。我是爱的中心。"中耳失衡或头晕（眩晕）由浮躁或分散的思绪造成。如果你经常感到心烦意乱或困惑，请默念："我的生活非常平静，我的心态无比平和。生命深处我自安然，生而喜悦，天地皆宽。"耳鸣常见于梅尼埃病等疾病，它与固执和拒绝倾听内心的声音有关，可以通过以下肯定语提醒自己内心已拥有所有答案："我用爱倾听内心的声音。我摒弃一切不符合爱的行为。"

你正在改变自己的行为，以实现现实生活与精神生活之间的平衡，而这需要你有意识地努力。因此，请尽情享受周围的世界——美食、大自然、人。你要坚信自己能做到。我不是让你完全放弃精神世界，而是希望你能做一些与周遭建立联系的事：看电视，读小说，听广播或播客。多了解当下世界正在发生的事情。

你还必须避免自我封闭的冲动。凭借你对世界的新认知,试着与别人交谈。在公司花一两分钟聊聊你对最新一档综艺节目的看法。真的,试着去看一些大家都在谈论的节目,这不是为了看节目本身,而是为了能够参与隔天的对话和社交活动。你甚至可以通过与超市收银员闲聊来锻炼你的互动技巧——天气永远是一个很好的话题。

最后,要尝试做一些放松身体的活动,比如去按摩、健身或跳舞。任何身体活动都会将你与自己的身体联结,让你能回归自我。

临床档案:眼睛和耳朵背后的心理之伤

44岁的旺达是我们遇到过的最敏感的人之一。旺达很小的时候就开始戴眼镜。十几岁时,她一直与体重问题、焦虑和易怒情绪作斗争,因此她将自己沉浸在书籍中,变得越来越孤独。高中毕业后她成为一名会计,这对一个想要逃避生活的人来说是一份完美的工作。但在多年从事雷同的、日复一日地计算数字的工作后,她开始出现视力问题,并发现自己开始犯错。晚上下班开车回家时,她开始感到明显的光线扭曲,她以为自己需要配新眼镜了,于是预约了眼科医生,医生很快就诊断出她患有白内障。

为了让旺达拥有更健康的视力，我们的第一步是帮她了解健康的眼睛是什么样子的。眼球是一个球体，其后方布满感光神经，也就是视网膜；前方有晶状体；晶状体前端覆盖着一层非常敏感、精细的薄膜，也就是角膜。

在正常的眼睛中，晶状体是透亮而清澈的。而白内障患者眼睛的晶状体会变得混浊，有时甚至会严重到有损视力的程度。旺达就是这种情况。

多种原因都会增加患白内障的风险，包括眼外伤、眼部自身免疫性疾病（葡萄膜炎）、糖尿病、放疗和类固醇的使用。为了缓解她目前的病症，更为了避免她另一只眼睛也出现白内障，我们需要确认旺达是否受到这些因素的影响。我们注意到她体重超标了约23千克，但由于她多年来一直没有看医生，所以她不确定自己是否患有糖尿病。在我们的强烈建议下，她去看了内分泌科医生，检查了血糖，最终被确诊患有2型糖尿病。针对这一问题，医生让她采取严格控制碳水化合物的饮食方式来减重。我们还帮她选择了一种适合每天进行30分钟的有氧运动。旺达积极投入了这项锻炼计划，因为她知道这样可以改善血糖、提升心脏健康，并最终改善视力。

旺达认为手术可能无法解决她的视力问题，但眼科医生向她保证，95%的患者在手术后都能恢复视力。基于此，旺达最终选择接受白内障手术。

但她并未就此止步。她还想知道如何预防另一只眼睛患上白内障。我们建议她继续减重，同时安排她去看了针灸师、中医和营养师，旨在消除她体内的炎症反应，因为这种炎症反应也会增加她患白内障的风险。针灸师和中医建议旺达服用黄连丸，其中含有黄连、柴胡和黄芩。

营养师给旺达开了一种专门针对眼部健康的营养补充剂，其成分含有维生素 E、维生素 A、DHA、维生素 C、核黄素、锌、硒、铜、姜黄、葡萄籽提取物、叶黄素和谷胱甘肽。旺达还服用了含 α-硫辛酸、辅酶 Q_{10}、乙酰左旋肉碱和槲皮素的抗氧化剂。除了这些补充剂，营养师还告诉她，牛奶可能加重她的白内障症状，因此旺达开始避免摄入乳制品。

她也开始改变可能导致她患病的行为和想法。为了不那么孤僻，她决定每个月去看两场电影，了解流行文化，这样她就有话题和别人聊了。她还开始在任何可能的场合与人闲聊。为了帮她改变可能影响视力的潜在思维，旺达使用了以下肯定语。

针对一般的眼部健康问题
- 我带着爱和喜悦去看待生活。

针对眼睛问题
- 我用爱和喜悦去看待一切。

针对白内障

- 生命是永恒的，充满欢乐。
- 我期待着每个时刻。
- 我很安全。
- 生命爱我。

针对焦虑

- 我爱自己、接纳自己，我相信生命的过程。
- 我是很安全的。

这些改变帮助旺达与周围的世界建立了更紧密的联系，而不再局限于空想的世界。她的视力也有所改善，体重减轻了约12千克，血糖恢复了正常，另一只眼睛也没有出现白内障问题。

第六情绪中心：一切都会好的

当人们的大脑、视力或听力出现问题时，他们必须再次寻求平衡。保持第六情绪中心健康的核心在于能够同时从周围的世界和精神世界获取信息，这些不同的视角将帮你顺利度过一生，为你提供全面的知识基础，以应对各种情况。

你的大脑以及你看待和解决问题的能力都是独一无二的。不要否认自己的特殊天赋,而要努力构建一种广阔多元的知识获取体系。既要学会信任和拥有信仰,接纳冥想或静默的时光,也要学会现实世界的逻辑、结构和创造力。

为了培养更专注的生活态度,不妨尝试露易丝的与第六情绪中心相关的肯定语:"当我用自律和灵活性来平衡创造力、理性和信念时,便无往不利。"

你已敞开心智,一切都会好的。

第 9 章　第七情绪中心：
对生命意义的需求

可能诱发的身体疾病：

慢性病、退行性疾病及致命疾病

第七情绪中心与其他情绪中心略有不同，因为这个中心所涉及的，往往是源自其他情绪中心而恶化至极端状态的问题。例如，乳房健康属于第四情绪中心，但危及生命的乳腺癌同时属于第四和第七情绪中心。同样的模式也适用于任何慢性病和致命疾病，包括从体重问题到免疫系统健康的各方面。

要使第七情绪中心保持健康，就必须克服终生无望的情绪模式，也就是要同时找到生活的目标及其精神上的联系。如果你认为自己无能为力，或者认为自己已经无法与更强大的精神力量产生联系，那么你可能正在经历第七情绪中心的问题，无论这种联系涉及哪个方面。某一种致命疾病或退行性疾病可能是你的身体在提醒你，需要重新审视自己的人生目标，摆脱怨恨和不满，并与更强大的精神力量产生联系。要活得健康，你必须认识到，生命轨迹由宏观规律与自主选择共同铸就。

与慢性病、退行性疾病以及癌症相关的消极思维模式和行为模式包括恐惧、担忧、绝望和自卑。识别那些可能使你患病或加重病情的思维模式和行为模式，其意义不在于自我责备，你的病并非由你造成，每种疾病可部分归因于饮食、环境和遗传等因素，但情绪状态能显著影响病程。因此，我们的目标是通过将露易丝肯定思维融入日常生活，将负面思维和行为转化为具有疗愈力量的行动。这种方法可以帮助你将世俗的思想与更强大的精神力量统一起来，从而促进身心的康复。

第七情绪中心的肯定理论与科学

　　在说到第七情绪中心时，露易丝的肯定理论深入探讨了慢性病、致命疾病背后的情绪，如癌症、肌萎缩侧索硬化症（俗称渐冻症、卢·格里克症）或其他退行性疾病。对露易丝来说，这些疾病无论是在工作、婚姻还是生活中都象征着停滞。与癌症、慢性病或退行性疾病相关的第七情绪中心的思维模式，往往涉及对成功的抗拒，以及不愿相信自己足够好或有价值的深层心理。

　　对于第七情绪中心危及生命的健康问题与身心的联系，医学界会做出怎样的解释呢？

　　患有慢性病或致命疾病的人多年来情绪模式不变。[1] 研究表明，患有退行性疾病的人通常会因失去生命中重要的人或事而感到抑郁、绝望和焦虑，这些人或事赋予了他们生活的目的和意义。这些情绪会增加罹患慢性病的风险，另一项研究表明，这些情绪可能与多发性硬化症存在一定相关性。例如，因伴侣死亡或不忠而失去一段重要关系、经历孩子的死亡、得知自己不能生育，这些情况都被证实会加速多发性硬化症的发作。[2]

亲人的离世或其他重大丧失常促使人们重新审视自己的人生目标。然而，一项研究表明，那些无法带着目标和意义重建生活的人——既无法通过建立新的关系获得情感支持，也未能找到精神寄托或人生使命——在被诊断患有多发性硬化症后的预后更差。[3]

临床研究证实，神经退行性疾病（如肌萎缩侧索硬化症）的进展程度乃至症状缓解的可能，均受个体应对压力的方式及其在困境中寻求意义与目标的能力影响。[4]伊夫林·麦克唐纳对肌萎缩侧索硬化症进行的一项具有里程碑意义的研究表明，那些有强烈人生目标、相信自己能改变自身状况且心理健康水平高的患者，确诊后的平均生存期为四年，而缺乏这种积极心态的人平均生存期仅为一年。[5]此项发表于《神经病学文献》的研究深刻影响了医学界，甚至改变了肌萎缩侧索硬化症的诊断和分类标准。在这项研究之前，医学界普遍认为肌萎缩侧索硬化症的预后不佳。显然，在面对致命的退行性疾病时，患者仍有可能通过综合干预改善机体功能并转变生存轨迹。

那些患有多发性硬化症、肌萎缩侧索硬化症或癌症等慢性致命疾病的人，常伴随重度抑郁障碍或持续性焦虑与愤怒状态，其深层诱因多与既往未愈合的重大创伤相关，这些创伤包括持续的离婚诉讼纠纷、子女离世，以及其他重大创伤事件。[6] 我们发现，有效应对焦虑、悲伤和沮丧等负面情绪（即使是在癌症治疗期间），对最终获得理想治疗效果具有显著影响。一项针对前列腺癌手术患者的对照研究发现，仅接受支持性疗法的对照组与采用引导意象疗法等减压技术的干预组之间存在显著差异，干预组患者免疫指标更优，术后恢复更快。[7] 这表明，如果我们能够识别和应对压力，通过自我肯定、意象疗法等方式改变消极的思维模式，并协同应用现有医学干预手段，则有可能改善机体功能，并进入具有目标导向的高质量生存状态。

慢性和退行性疾病：对积极自觉改变的需求

那些易患肌纤维疼痛综合征、莱姆病或肌萎缩侧索硬化症等慢性或退行性疾病的人，常表现出强烈控制自己命运的倾向。他们通常会列出一系列生活目标，例如事业成功、财务自由、身材匀称或家庭圆满等，以此来指导自己的一切行动。然而，他们很可能没有考虑到时运。不幸的是，如果你在生活中只考虑自己的计划，不留任何变通的余地，那么现实很可能会给你出个意料之外的难题。为消解突发事件伴随的被动性焦虑，关键在于建立现实目标与接纳未知变量之间的健康平衡。

如果你和数百万人一样，罹患一种无法治愈的退行性疾病，那么你可能已经尝试了各种方法——从传统医学到替代疗法。但是，无论你投入多少金钱和资源，你的病情似乎仍在恶化。也许你需要尝试新的方法。根据我们的经验，传统医学固然有帮助，但并不能完全解决问题。如果你能将传统医学、肯定语和内在直觉结合起来，指导行为上的改变，你很有可能实现健康和生活状态的转变。没有什么比健康危机更能促使你重新审视自己的过去、现在和未来，并重新评估自己的人生重点。

露易丝认为，个人与精神之间失衡的核心在于：从根本上拒绝改变旧有的思维模式，无法放下过去的伤痛、怨恨、行为模式和信念，以及不相信自己。慢性病与害怕未来而拒绝改变存在相关性。为了培养克服恐惧、勇于改变的能力，请使用肯定语："我愿意改变和成长。我现在创造了一个安全、崭新的未来。"观察一些退行性疾病，我们可以看到类似的恐惧模式。肌萎缩侧索硬化症患者往往能力极强，但在内心深处认为自己只是一个虚张声势的骗子。他们生活在恐惧之中，这种恐惧源于"要是人们真的知道……"的想法。他们深感自己不够好，越是接近成功，对自己就越苛刻。这类人可以用肯定语来提醒自己："我是强大的、有才华的。我知道我是有价值的。我会成功的,生活是善待我的。"艾滋病与无助、无望、孤独等类似的思维模式有一定间接相关性,为了减少这类感受,可以使用的肯定语是:"我是宇宙造物的一部分。我很重要,我被生命本身所爱。我是有力量的。我爱自己,欣赏自己。"如果你被告知患有不治之症,可以默念:"奇迹每天都在发生,我要向内探寻,消除造成这种疾病的模式。此刻,我全然唤醒内在的治愈之力。诚心所愿!"

改变思维模式对实现第七情绪中心的健康至关重要。当你开始将消极的思维模式和行为模式转变为积极的思维模式与行为模式时,同样重要的是审视你与世界的关系,并认识到你的人生目标并非仅凭一己之念即可决定和完成。如果你愿意,这个改变人生的转折点可以帮助你审视何为真正的生命意义。要寻求指引,不要只依赖自己的逻辑理性。要接受存在更强大的力量支持你的努力,并尝试探索其中所蕴含的智慧。你要相信有比自己更强大的力量存在,这将帮你驱散生活陷入混乱时所产生的恐惧和绝望。

我们向那些试图与精神建立联系的人推荐一种工具,叫作"生命资助建议书",这就如同研究人员或非营利组织为获得资金而写的资助提案。但是,这是你向宇宙、上天或任何你所信仰的更强大的力量所发送的信息,其中要写明你期望活多久,以及你打算如何度过那些年。

要做到这一点，请拿一张纸，在纸的顶部写上你的名字和当前日期。在下一行写上标题：生命资助建议书。再标注时间期限，例如"2025—2065"——当下的年份到你希望活到的年份。再按五年划分一个阶段。因此，基于上面的例子，第一阶段是2025—2029年，第二阶段是2030—2034年，以此类推。

在每个阶段下面，写下你认为在这个时间段内你的人生目标是什么，然后列出需要哪些具体的支持。不要写下你已经有所行动的目标，比如在动物救助站做志愿者或者享受大自然。这些内容不属于全新的目标。通过这个练习，你可以确立一个全新的目标，而不是延续旧有的目标。此外，还要避免使用模糊的目标，比如"实现世界和平"或者"照顾我的孩子"。很有可能你已经在照顾你的孩子了，而"实现世界和平"这个说法也不够具体，这些措辞会削弱提案的力度，并降低其成功通过的可能性。

更好的人生目标应该是这样的：

> 我曾经每天都工作12个小时。在新生活的第一阶段，我打算把工作时间缩短为每周只工作6天，每天8小时。我将用剩下的时间与孙子孙女们共度温馨悠闲的时光，包括但不限于每年至少一次露营、担任他们的足球队教练、教他们钓鱼和做针线活。

明白了吗？要写得详细，但切勿过度规划，以便为不可控因素留出空间。撰写生命资助建议书的过程，本质上是一次重新评估自己人生蓝图的一次深刻练习，它使你能够怀着谦逊和用心的态度，实现自己的目标。

疾病的发展有很多方面是你无法控制的，但也有很多方面是你可以掌控的。尽量不要让焦虑压垮你。要与你的朋友和家人保持联系，在你周围形成一个支持你的圈子。要学会倾听自己的直觉和本能反应，因为这些都是指引你走向真正目标的标志。要选择相信自己，但也要相信更多未知的东西。

临床档案：退行性疾病背后的心理之伤

伊薇特初次来访时62岁，身体状况非常好。她家里每个人都是运动员。伊薇特热爱体育运动的仪式感和规律性，十几岁时就成了一名狂热的长跑运动员。

成年后，伊薇特一直坚持跑步，甚至在怀孕期间也不间断，直到我们见面时她依然如此。她的膝盖和背部偶尔会疼痛，但她积极的态度和坚信自己会好起来的信念助她度过了这些时期。总的来说，伊薇特生活美满：拥有一栋大房子、英俊的丈夫、富足的生活，以及健康的体魄。

然而，变故骤临。一天夜里，伊薇特身体一侧开始奇怪地震颤，惊醒了她。震颤持续了数日。她看了家庭医生，又看了两位神经科医生。虽然医生们没有给出明确的答复，但他们认为这可能是肌萎缩侧索硬化症。那一刻，伊薇特崩溃了。

我们做的第一件事就是在她将这一诊断标签固化于心之前，向她阐明：她可能患有肌萎缩侧索硬化症，但是"尚不能确诊"。我们向伊薇特强调，她的症状现在还处于"模糊地带"，也就是"未明确诊断阶段"，这本身就是一个好消息。然而，这似乎并没带来多少安慰，因为人们往往希望尽快明确自己的病症。但从我们的角度来看，这种"未确诊"的状态恰恰是关键所在，正因为没有确诊，才更有可能逆转或缓解。肌萎缩侧索硬化症正是这类疾病的一个典型案例。

肌萎缩侧索硬化症会导致患者大脑和脊髓中控制运动的神经细胞逐渐退化，患者会出现手脚无力的症状，后期还会表现出说话和吞咽困难。这种疾病过去被普遍认为是致命的，但现在情况已不再如此。有研究表明，如果肌萎缩侧索硬化症患者能积极投身于其人生目标，他们的身体症状会显著减轻，存活期也会延长。

尽管她拒绝了神经科医生之前的建议，我们仍建议她做更深入的诊断检查，以查明是否存在其他疾病导致震颤。检查结果一切正常，她的颈部、甲状腺或甲状旁腺都没有问题，也没有其他罕见疾病能解释病症。磁共振成像和肌电图检查结果均显示正常。于是，伊薇特开始专注于寻找缓解肌萎缩侧索硬化症的方法。

伊薇特去看了一位综合神经科医生，这位医生会长期密切关注她的症状，同时建议她服用一系列营养补充剂，以帮助延缓神经系统退化，并借助神经可塑性促进其功能恢复。他建议的第一种治疗方法是高压氧疗法。这种方法已被证明对多发性硬化症的神经退行性病变有一定疗效，因此医生们也开始用它来治疗肌萎缩侧索硬化症。此外，医生还建议采用强效的抗氧化剂治疗，包括谷胱甘肽、药用级复合维生素以及 DHA。

伊薇特最后接受的物理疗法是太极拳和气功，这些传统身心疗法在中国沿用数百年，尤其对复杂神经系统疾病具有一定辅助作用。

伊薇特还开始使用肯定语来应对以下问题。

针对肌萎缩侧索硬化症

- 我知道我是有价值的。
- 我会成功的，生活是善待我的。

针对大脑健康问题

- 我是自我心智的主控者。

针对肌肉震颤问题

- 所有生命都接纳我。
- 一切都会好的，我很安全。

在综合治疗和肯定语疗法的双重赋能下，伊薇特开始认真审视自己的生活，重新定义生命的目标。正是这场可能患上肌萎缩侧索硬化症的危机，迫使她开始倾听内心的直觉，以热忱和使命感重塑生活。当医生为她进行年度复诊时，她的症状并没有加重。虽然当她感到有压力时，手臂会偶尔颤抖，但并没有出现恶化的迹象。

致命疾病：对生活掌控感的需求

生活中的哪些因素会促使疾病发展到威胁生命的程度？那些容易罹患致命疾病的人，往往在患病前就长期深陷无助感。他们认为生命中的所有际遇都掌握在命运的手中，自己无力让生活变得更好，只能日复一日地等待、等待、再等待，希望际遇能自行好转，但事实并非如此。

致命疾病的治疗方案因人而异，但我们可以观察到一系列可能诱发疾病的行为和思维模式。在与医生确定适合自身情况的治疗方案后，将直觉思维和肯定语疗法纳入康复计划非常重要。由于致命疾病可能源于和其他情绪中心相关的健康失衡问题，因此你必须同步改变相关的思维模式。举例来说，乳腺癌患者通常表现出过度母性关怀倾向，同时存在深层情感创伤和长期的怨恨。要摆脱这些思维束缚，可用的肯定语是："我很重要，有价值。此刻，我用爱和喜悦来照顾和滋养自己。我允许他人自在做自己。我们都是安全和自由的。"针对癌症的肯定语："我用爱原谅和释怀过去的一切。我选择让喜悦充满我的世界。我爱自己，认可自己。"这仅是示例。具体可见第10章，探索特定癌症所在的身体器官和与该部分相关的情绪之间的联系。

为了应对可能加速疾病发展的行为，你必须采取积极的健康管理策略。你需要意识到：尽管个体差异和复杂因素（包括生物、心理、社会层面）会影响疾病进程，但你自身的行为和应对方式也能起重要作用。你有能力通过主动选择来影响自身的健康状况和康复过程。

基于这些知识，你可以结合本书其他章节的建议来解决健康问题。如果你患有白血病，可以利用第3章关于血液系统健康的部分，帮助你在家庭和朋友关系中建立安全感。如果你患有乳腺癌，请翻阅第6章，该章节探讨了自我关怀的重要性。如果你的体重已严重威胁健康，请认识到自己的力量，并翻阅第5章，在第三情绪中心建立平衡。

在解决与第七情绪中心相关的健康问题时，最重要的是理解不可控因素（如遗传、环境）与个人能动性之间的动态平衡。通过采取综合性干预措施，你可以有效提升健康管理能力与自主性。

临床档案：癌症背后的心理之伤

安吉丽娜今年 50 岁了。她经受了财务、身体和情感等各方面的打击，但她依然坚韧。疾病几乎贯穿了她的人生历程：小时候，她因阑尾破裂引发严重的血液感染，不得不住院治疗；20 多岁时，一场车祸导致她患上了慢性头痛和背痛；30 多岁时，她因甲状腺出现问题导致体重增加；她还患有哮喘；40 多岁时，她被诊断出患有乳腺癌，她选择接受左乳肿块切除术并配合放疗，最终在这场乳腺癌抗争中取得胜利。这可能是她一生中第一次拥有健康的身体。但在精神上，她已濒临崩溃，终日提心吊胆，等待着下一次健康危机。因此，当她出现持续性咳嗽，医生在她右侧乳房的 X 光片上发现阴影时，她确信自己的乳腺癌又复发了。

当我们见到安吉丽娜时，她的病史就像这本书的目录一样。她的每个情绪中心都出现过大问题：血液感染（第一情绪中心）、慢性腰背痛（第二情绪中心）、体重增加（第三情绪中心）、哮喘（第四情绪中心）、甲状腺功能减退（第五情绪中心）、慢性头痛（第六情绪中心）和癌症（第七情绪中心）。过去，她似乎有用不完的精力和矢志不渝的积极态度，但现在，她已经身心俱疲，生平第一次感到希望渺茫。

当我们开始为安吉丽娜制订健康计划时，她因干预措施的复杂性感到无所适从，于是我们将她的计划分成短期计划和长期计划。

我们从短期健康目标开始。这些目标都是为了让她感受到爱和快乐。她需要每天为每个情绪中心投入至少一个小时，总计每天进行不少于七个小时的专项训练。为了安排好时间，安吉丽娜准备了一个日程本，并在手机里设置了提醒事项，以帮助她按计划执行。

我们的目标是让安吉丽娜的生活充满爱和欢乐。这些积极情绪会提高内源性阿片样肽物质的分泌和自然杀伤细胞的活性，同时减少导致健康问题的炎症介质。以下是安吉丽娜在新计划下的典型的日程。

- 第一情绪中心（血液）：与朋友或家人一起喝咖啡（可以是低咖啡因咖啡），翻看记录家人和朋友欢乐时光的老照片。

- 第二情绪中心（腰背部）：安排一次约会，哪怕只是和朋友。精心打扮一番，晚上去城里逛逛，买一份小礼物送给你爱的人。看孩子们在游乐场玩耍。

- 第三情绪中心（体重）：允许自己在下午3点前吃一份100千卡的零食。请朋友帮忙整理衣橱，去化妆品专柜体验免费妆容。听着欢快的音乐，在自行车或跑步机上做有氧运动，尽情地疯狂热舞。

- 第四情绪中心（哮喘）：去看场搞笑电影或在电视上看喜剧片，你的目标是要开怀大笑。去美术品店买些水彩笔、蜡笔或彩色铅笔，以及纸或涂色书，开始涂色。

- 第五情绪中心（甲状腺功能减退）：开车兜风。打开收音机，放声歌唱。与宠物一起玩耍，哪怕是朋友的宠物也行。

- 第六情绪中心（头痛）：记住生活中那些关爱你的人的善举，心怀感激。反思自己比上周有了哪些进步。学习一门新语言。参加舞蹈课。

- 第七情绪中心（可能的癌症复发）：每天醒来时用第一个念头告诉自己："活着真让我兴奋又感激。"尝试一些新事物，无论是收听新电台的节目，品尝没吃过的食物，观看新的电视节目，还是浏览不同网站。走到户外，仰望天空，试着连接你内在的精神力量。

接下来，我们讨论了她的长期健康目标。

- 第一情绪中心（血液）：去找针灸师和中医进行诊疗，通过服用包括当归、蛤蚧、枸杞、芍药等中药来滋养气血。补充药用级复合维生素，包括叶酸、维生素 B_5、维生素 B_2、维生素 B_1、铜、铁、锌、DHA、维生素 A、维生素 B_6、维生素 B_{12} 和维生素 E。
- 第二情绪中心（腰背部）：服用内科医生给她开具的 S-腺苷甲硫氨酸和安非他酮来缓解背痛，并服用复合维生素来改善贫血。此外，为了缓解腰部关节炎的疼痛，服用葡萄籽提取物和硫酸氨基葡萄糖。还可以做亚穆纳身体滚动来改善脊柱和关节的灵活性，减轻疼痛。
- 第三情绪中心（体重）：通过"早餐营养、午餐丰盛、晚餐少量"的方式减重。除晚餐外，每餐需控制合理的分量，按 1/3 碳水化合物、1/3 蛋白质和 1/3 蔬菜的比例摄入。晚餐只需食用少量蛋白质和一些绿叶蔬菜。此外，上午 10 点和下午 3 点可以随意吃半根蛋白质棒和喝一瓶水。下午 3 点后不吃碳水化合物。可以尝试一下长寿饮食法，该方法或有助于增强免疫系统抑制癌症的能力。
- 第四情绪中心（哮喘）：使用呼吸科医生开具的舒利迭吸入剂，去看针灸师和中医，服用穿心莲等来进一步缓解呼吸急促。同时服用营养补充剂辅酶 Q_{10} 来支持免疫系统。
- 第五情绪中心（甲状腺功能减退）：去看内分泌科医生，了解是否应该停止服用 T_4，改用复合 T_4 和 T_3。
- 第六情绪中心（头痛）：复诊神经科医生，决定是否服用治疗偏头痛的药物，如舒马曲坦或托吡酯。如果不选择西药，则可以去看针灸师和中医，接受每周治疗并服用天麻丸。
- 第七情绪中心（可能复发的癌症）：针对首次乳腺 X 光检查结果，寻求多位专家的医学评估以验证结果的可靠性。

有了这些指导，安吉丽娜开始了她新的疗愈计划。她所做的第一件事，就是寻求多位专家的医学评估，因为她非常担忧乳腺癌复发，从而危及生命。活体组织检查显示，多位专家认为这是第二次原发性癌症，即安吉丽娜的右侧乳房出现了新的癌灶，并非原有乳腺癌的复发。她再次接受了肿块切除术和放射治疗，但这次与第一次发病时不同，癌细胞已经扩散到了一个淋巴结。虽然她的肿瘤科医生对此感到担忧，但还是尊重她的意见，不做化疗。由于只有一个淋巴结受到影响，医生认为即使不做化疗，也仍有办法。癌症的扩散给安吉丽娜带来了影响，这让她意识到，必须做出重大改变来挽救自己的生命，她需要找到自己的人生目标。

安吉丽娜开始每月两次与一位职业教练合作，专注于她在六个月、一年、两年和五年后的职业面貌。她给所有与她有"未了之缘"的人、那些她曾心怀怨恨的人打电话，约他们共进午餐，以消释前嫌。

安吉丽娜在朋友的林中小屋独自静修了一个周末，以规划自己的未来。她写了一份"生命资助建议书"，概述了自己为实现人生目标所需要的人员和资金支持。她把这份建议书放在日记本里，并为实现目标而祈祷。

接下来，安吉丽娜与一位生活教练合作，确保自己能够熟练地使用肯定语来改善身体的抗癌能力。为了改善那些影响她健康的深层思维模式，我们必须整合许多肯定语。除了身体部分（例如，乳房和肺部），我们还加入了针对以下方面的肯定语。

针对癌症
- 我满怀爱意地原谅和释怀过去的一切。
- 我选择让喜悦充满我的世界。
- 我爱自己，认可自己。

针对抑郁症
- 我现在完全克服了对他人的恐惧，我能创造自己的生活。

针对可能的死亡

- 我坦然地迈向新的体验层次。
- 一切都会好的。

针对慢性病

- 我愿意改变和成长。
- 现在,我创造了一个安全、崭新的未来。

安吉丽娜利用这些技巧,坚持不懈地将快乐和爱带回自己的生活,最终战胜了癌症,并继续生活下去。

第七情绪中心:一切都会好的

在本章中,我们探讨了与第七情绪中心相关的健康问题,这些问题在情感上和身体上都是最具破坏性的。如果你患有慢性病、退行性疾病或致命疾病,你将以各种可能从未想象过的方式受到考验。你可能被迫直面生死命题,问自己"我生命的意义是什么"或"我如何才能在精神层面找到平静"。如何处理这些艰难的问题,可能会决定你生命的长度,以及你在有生之年健康和快乐的程度。

为了实现并保持第七情绪中心的健康,请寻找你的人生目标,坚定你的信仰,并努力学习和改变。如果说慢性病、退行性疾病和癌症的消极思维模式是"为什么是我",那么新的思维模式则是:"我与宇宙同行,我能穿越情感波澜,寻得宁静的彼岸。我倾听内心的直觉和精神层面的强大力量。"

我活了下来,向阳而生。一切都会好的。

第10章 露易丝·海的身心疾病对应表

第一情绪中心	可能涉及的思维模式或因素	可尝试使用的肯定语
骨骼问题	反映了你的生活结构。你如何支持和照顾自己。	我的生活结构合理且平衡。我是安全的,我得到了完全的支持。
骨折	无力反抗权威。	在我的世界里,我是唯一的权威,因为我是唯一能用我的头脑思考的人。
椎间盘突出	缺乏支持,对生活恐惧。	我的生活支持我所有的想法,因此,我爱自己,并认可自己,一切都会好的。
脊柱侧弯	无力支撑生活。恐惧。试图坚持旧观念。没有信任的勇气。	我能放下所有的恐惧。我愿与生活同行。生活是属于我的。我站得很直,充满爱意。
佝偻病	情绪营养不良。缺乏爱和安全感。	我是安全的。我被爱所滋养。
骨骼畸形	精神压力和紧绷感。丧失精神动力。	我尽情地呼吸生命的气息。我放松并信任生命的流动和过程。

(续表)

第一情绪中心	可能涉及的思维模式或因素	可尝试使用的肯定语
骨髓炎	愤怒、挫折。 感觉不受支持。	我平静地接纳并信任生命的过程。 我很安全。
骨质疏松症	生活中缺乏支持和安全感。	我支持自己。 生活以充满爱的方式支持着我。
下颌问题	控制欲，拒绝表达感情。 代表愤怒、怨恨。 渴望复仇。	我愿意改变造成这种状况的内在模式。 我爱自己，认可自己。 我很安全。
肩膀问题	缺乏快乐地体验生活的能力。	我选择让我的生活充满快乐和爱。
手臂问题	无力承载生命体验。	我带着爱，轻松愉快地拥抱我的经历。
肘部问题	改变方向和接受新体验的能力不足。	我乐于接受新的体验、新的方向和新的变化。
手部问题	缺乏处理各种经验的方法。	我选择用爱、快乐和轻松来应对我的生活。
手腕问题	缺乏运动和放松。	我用智慧、爱和轻松来应对生活中的所有问题。
腕管综合征	对生活中看似不公的事情感到愤怒和沮丧。	我选择一种充满欢乐和充实的生活。
手指问题	生活的细节问题。	生活的细节是平和而有序的。
拇指问题	智力问题和忧虑。	我的心很平静。
食指问题	自负和恐惧。	我很安全。
中指问题	愤怒和性欲。	我对性生活很满意。
无名指问题	契约问题和悲伤。	我热爱和平。
小指问题	家庭问题和伪装。	我在家庭生活中可以做自己。
指甲问题	与保护相关的困扰。	我安全地伸出双手。

(续表)

第一情绪中心	可能涉及的思维模式或因素	可尝试使用的肯定语
趾甲向内长入肉里	对自己前进的权利感到担忧和内疚。	在生活中把握自己的方向是我神圣的权利。我很安全。
咬指甲	挫败感蚕食自我。对父母心怀怨恨。	我可以安全地成长。我现在能快乐和轻松地应对自己的生活。
腿部问题	无法在生活中前进。	生活支持着我。
膝盖问题	顽固的自负和骄傲。恐惧。缺乏灵活性。	我可以从容应对，能屈能伸。我选择宽恕和理解。
下肢问题	对未来的恐惧。	我带着自信和快乐向前迈进。我知道我的未来一切都会好的。
小腿问题	对生活的标准不满。	我用爱和快乐来达到我的最高标准。
脚部问题	对生活、自己和他人缺乏谅解。害怕未来，不敢在生活中前进。	我愿意去理解一切，愿意随着时代变化而变化。我能在生活中快乐轻松地前行。
脚趾问题	担忧未来的细节。	所有细节会自行正常地发生。
耻骨问题	担忧生殖器保护。	我的性取向是安全的。
坐骨神经痛	高度的自我批评。对金钱和未来感到恐惧。	我正在走向更美好的未来。我已经很优秀了，我感到安全和稳定。
拇囊炎	缺乏体验生活的快乐。	我快乐地向前跑去，迎接生活的美妙体验。
关节问题	不适应生活方向的变化。	我很容易适应变化。我总是朝着最好的方向前进。
关节炎	感觉不被爱。批判、怨恨。	我现在选择爱自己，认可自己。我用爱去看待他人。
手指关节炎	惩罚的欲望。责备。感觉受到伤害。	我用爱和理解看待一切。所有的经历都在爱的光芒下。

221

(续表)

第一情绪中心	可能涉及的思维模式或因素	可尝试使用的肯定语
髋关节问题	害怕做出重大决定。 没有前进的动力。	我处于完美的平衡状态。 我在每个年龄段都轻松愉快地向前迈进。
踝关节问题	顽固和内疚。 缺乏接受快乐的能力。	我理应在生活中得到快乐。 我接受生活给予我的一切快乐。
痛风	支配欲。 不耐烦、愤怒。	我是安全可靠的。 我与自己以及他人都能和平相处。
风湿病	感到自己是受害者。 缺爱，长期痛苦。 怨恨。	我创造了自己的生活。 随着我对自己和他人的爱和认可，我的生活会越来越好。
类风湿性关节炎	对权威的深刻批判。 感觉自己很被动。	我是自己的权威。 我爱自己，认可自己。 生活是美好的。
血液问题	代表身体中的欢乐无法自由流动。	我可以自由地表达和接纳生命的欢愉。
身体流血	失去快乐和愤怒的能力。	我在生活中是快乐的。 我以完美的节奏接受快乐。
牙龈出血	对人生的决定缺乏喜悦。	我相信我的生活总会发生对的事。 我很平静。
贫血	消极态度。 对生活充满恐惧。 感到自己不够好。	我可以安全地在生活的每个领域体验喜悦。我热爱生活。
肛门直肠出血	愤怒和受挫。	我相信生命的过程。 我的生活中只会发生对的和好的事。
低血糖症	被生活中的重担压得喘不过气。	我现在的选择让我的生活充满阳光。 我很轻松愉悦。

(续表)

第一情绪中心	可能涉及的思维模式或因素	可尝试使用的肯定语
镰状细胞贫血	认为自己不够好。 这种想法破坏了生活的乐趣。	我沉浸在生活的欢乐之中。 我在爱的滋养下成长。
白血病	残忍地扼杀灵感。 缺乏快乐,缺乏思想的沟通。	快乐的新想法在我的心中自由流淌。 我超越过去的局限,自由地做自己是最安全的。
淋巴问题	认为生活的本质是痛苦的。	我完全沉浸在爱和快乐之中。 我随着生活流动。 我的内心是安宁的。
扁桃体发炎	无法为自己发声。 无法提出自己的需求。	满足自我的需求是我与生俱来的权利。 我带着爱,轻松地争取我想要的东西。
腺样体肥大	家庭摩擦、争吵不断。 感到自己在家里不受欢迎。	我的出生是被父母期待的、欢迎的和爱着的。
霍奇金淋巴瘤	自责,认为自己不够好,疯狂向别人证明自己,直到内在耗竭。 在努力寻求他人认可的过程中,失去了生命的快乐。	我就是我。 我爱自己,认可自己。 我已经足够好了。 我快乐地表达和接受。
红斑狼疮	倔强、不屈、愤怒和惩罚。	我能自由而轻松地为自己发声。 我能自己做主。 我爱自己,认可自己。 我是安全和自由的。
EB病毒	超越自我的极限。 害怕自己不够好。 耗尽所有内在支持。	我很放松并认识到自我的价值。 我已经足够好了。 生活是轻松愉快的。
单核细胞增多症	因得不到爱和赞赏而感到愤怒。 不再关心自我。	我爱自己,欣赏自己,能照顾自己。 我已经足够好了。

(续表)

第一情绪中心	可能涉及的思维模式或因素	可尝试使用的肯定语
艾滋病	感到无助和绝望。 没人在乎自己。 否认自我。性负罪感。	我是宇宙造物的一部分。 我很重要,我被生命本身所爱。 我是有力量的。 我爱自己,欣赏自己。
皮肤问题	代表焦虑、恐惧。 感受到了威胁。	我爱自己,内心欢愉、平静。 过去是可以被原谅和遗忘的。 此刻我是自由的。
过敏	无法掌控自己的生活。 否认自己的力量。	这个世界是安全且友好的。 我很安全。 我的生活很平静。
瘙痒	违背内心深处的欲望。 不满足、悔恨,渴望逃离。	就在此处,平静安宁。我接受我的美好。 我所有的需要都会得到满足。
皮疹	因事情没有完全按计划进行而感到恼怒。	我爱自己,支持自己,我接受生活中的变化。
荨麻疹	微小而隐秘的恐惧。 将小问题放大。	我能够让生活的各个方面都平静、有序。
带状疱疹	提心吊胆地等待。 恐惧和紧张。 过于敏感。	我很放松,很平静,因为我相信生命自有其进程。 我的世界一切都安好。
疥疮	被他人的消极情绪所影响。	我的生活充满爱和快乐。
粟丘疹	隐藏丑陋。	我承认自己是美的、值得被爱的。
湿疹	令人窒息的对抗。 精神内耗。	和谐与平静、爱与喜悦环绕着我,浸润着我。
硬皮病	自我封闭,远离生活。不相信自己,不会照顾自己。	我很放松,因为我知道我是安全的。 我相信生活,也相信自己。

(续表)

第一情绪中心	可能涉及的思维模式或因素	可尝试使用的肯定语
白癜风	感觉完全置身事外。没有归属感，不是群体中的一员。	我处于生活的中心。我完全沉浸在爱中。
银屑病	害怕受伤。压抑自我的感觉。拒绝承担责任。	我享受生活的乐趣。我值得并接受最好的生活。我爱自己，认可自己。
麻风病	无法应对生活。一直以来都有"自己不够好"和"不够干净"的念头。	我超越一切限制。爱能治愈一切。
鸡眼	固守过去的痛苦。	我勇往直前，摆脱过去。我很安全，我很自由。
足底疣	为自己的基本理解能力感到愤怒。对未来感到迷茫。	我自信从容地前行。我相信并顺应生命的进程。
溃烂疮	将话憋在心里。自责。	我活在爱的世界里。我只会创造快乐的经验。
痛	不公平感、愤怒。	我和过去说再见。让时间治愈我生活中的每一个领域。
肿胀	害怕失去。	我欣然接受。
脓肿	伤害、轻蔑和报复的念头。	我允许自己的想法自由。过去已经结束，我很平和。
水疱	抗拒。缺少情感保护。	爱在生活中轻轻流转着。一切都会好的。
足癣	因不被接受而沮丧。无法轻松前行。	我爱自己，认可自己。我允许自己前进。未来是安全的。
老茧	顽固的思想和观念。恐惧凝固。	我打开心扉，接受所有的好事。

(续表)

第一情绪中心	可能涉及的思维模式或因素	可尝试使用的肯定语
疖	愤怒、大怒。	我表达爱和快乐。 我很平静。
痤疮	不接受自己，不爱自己。	我爱自己，接受现在的自己。
黑头痤疮	愤怒的小小爆发。	我很平静。
白头粉刺	愤怒的小小爆发。	我很镇定。
水肿	陷入阻塞的、痛苦的思维困境。 放不下一些人和事。	我的思想自由流畅。 我愿意忘掉过去。 放手对我来说是安全的。

第二情绪中心	可能涉及的思维模式或因素	可尝试使用的肯定语
泌尿系统感染	被异性或爱人激怒。	我释放了造成这种状况的思维模式。 我愿意改变。我爱自己,认可自己。
膀胱问题	焦虑。 固守旧观念,害怕放手。	我轻松而自在地放弃旧观念,迎接新事物。我很安全。
尿道炎	愤怒、情绪波动。责备。	我只会在生活中创造快乐的体验。
生殖器问题	代表男性和女性的原则。	做真实的自己是最安全的。
生殖器疱疹	对性有罪恶感。 公众耻辱。 排斥生殖器。	我是正常的和自然的。 我为自己的性和身体感到高兴。 我是美好的。
生育缺陷	代表未完成的事情。	成长过程中的每一次经历都是美好的。我平静地走过每一阶段。
生育问题	代表恐惧。 担心自己不够好。 抗拒生命的过程。	我爱和珍惜我的内在小孩。 我爱自己,认可自己。 我是自己生命中最重要的人。 一切都会好的,我很安全。
不孕不育症	怒火中烧。 愤怒的想法。	我总是在正确的地方、正确的时间做正确的事情。 我爱自己,认可自己。
性病	性负罪感。 需要受到惩罚。 认为生殖器是罪恶的或肮脏的。 虐待他人。	我接受自己关于性方面的正常欲望。 我只接受让我感觉良好的想法。
淋病	需要为自己是个坏人而受惩罚。	我爱我的身体,我爱我自己。 我接受自己在性方面的有关问题。
梅毒	放弃自己的力量和权力。	我决定做自己。 我认可现在的自己。
女性问题	否定自我。 拒绝女性气质。 对伴侣感到生气。	我为自己的女性气质感到高兴。 我爱我的身体。我是自由而有力量的。

(续表)

第二情绪中心	可能涉及的思维模式或因素	可尝试使用的肯定语
外阴问题	代表脆弱。	脆弱是安全的。
子宫问题	代表创造力的家园。	我的身体就像我的家。
卵巢问题	代表创造之源。	我在创造的过程中保持平衡。
月经问题	拒绝女性气质。 内疚、恐惧，认为生殖器是罪恶的或肮脏的。	我接受身为女性的全部，我的身体机能都是正常和自然的。 我爱自己，认可自己。
痛经	对自己的愤怒。 对身体或女性的憎恶。	我爱我的身体。我爱我自己。 我爱我的生理周期。一切都会好的。
闭经	不想做女性，拒绝女性气质。 不喜欢自己。	我接受自己作为一个女性的全部。 我在任何时候都是完美的。
更年期问题	害怕不再被需要，害怕衰老。 自我排斥，感觉自己不够好。	我在所有的周期变化中都保持平衡和平和，我关爱自己的身体。
流产	恐惧。 对未来的恐惧。	我的生活总是发生正确的事情。 我爱自己，认可自己。 一切都会好的。
阴道炎	对伴侣感到愤怒。 性负罪感。 惩罚自我。	我爱自己，认可自己。 我接受自己在性方面的需求。
性冷淡	恐惧，拒绝快乐，认为性是坏事。 麻木的伴侣。 害怕父亲。	享受自己的身体是安全的。 我为自己作为女性而高兴。
子宫内膜异位症	不安全感、失望和沮丧。 用摄入糖分代替自爱。 指责他人。	我既充满力量又充满希望。 做女人真是太好了。 我爱自己，我很满足。

(续表)

第二情绪中心	可能涉及的思维模式或因素	可尝试使用的肯定语
经前期综合征	允许混乱。 失去主导权。 排斥女性的周期。	现在，我能掌控自己的思想和生活。 我是一个强大、充满活力的女性！ 我身体的每一部分都运转自如。 我爱自己。
睾丸问题	男性化原则。 男子气概。	作为一个男性是安全的。
前列腺问题	心里害怕削弱阳刚之气。 放弃。 性压力和负罪感。	我接纳自己的男子气概。
阳痿	性压力、紧张、内疚。 社会信仰。 对前任的怨恨。 害怕母亲。	我在性的方面可以很放松、很愉悦。
上背部	缺乏情感支持。 感觉不被爱。 压抑爱。	我爱自己，认同自己。 生活支持我，也爱我。
中背部	内疚。 被困在过去的事情里。	我可以走出过去。 我可以自由地向前迈进，心中充满爱。
腰部	担忧金钱。 缺乏金钱的支持。	我相信生命的过程，我所需要的一切都能得到，我很安全。
圆肩	背负着生活的重担。 无助和绝望。	我身姿挺拔，自由自在。 我爱自己，认可自己。 我的生活一天比一天好。
椎间盘问题	缺乏支持。害怕生活。 无法信任。	我愿意学习爱自己。 让爱支持着我。 我正在学习相信生活，接纳它的丰盈。 我可以放心去信任。
臀部问题	代表力量。 臀部松弛，失去力量。	我明智地运用我的力量。 我很强壮，我很安全。 一切都会好的。

第三情绪中心	可能涉及的思维模式或因素	可尝试使用的肯定语
消化不良	恐惧、害怕、焦虑、抱怨和牢骚满腹。	我愉快地接受所有新的体验。
消化性溃疡	认为自己不够好。急于取悦他人。	我爱自己，认可自己。我与自己和平相处。
打嗝	恐惧。紧张的生活节奏。	我有时间和空间做需要做的事情。我很平静。
胀气	揪心、恐惧。未被消化的想法。	我很放松，让生命之流从容淌过，从容自在。
呕吐	强烈排斥异见。对新事物恐惧。	我安然欣悦地接纳所有异见。一切美好皆向我涌来。
结肠问题	害怕放手，留恋过去。	我能轻松地弃旧迎新。过去的就让它过去吧，我已自由。
腹泻	恐惧、拒绝、逃避。	我的摄入、消化和排泄过程都是有序的。生命安然与我共处。
疟疾	自然和生活之间失去平衡。	我的生活是统一和平衡的。我很安全。
便秘	拒绝放弃旧信念。沉浸在过去。有时想不开。	当我放下过去，新鲜、重要的事物会进入我的生活。
绦虫问题	深信自己受害或不洁。对他人对待自己的态度无力应对。	我爱自己，认可自己的一切。
寄生虫	把权力交给别人。让别人接管。	我愿意收回我的力量，排除一切干扰。
胃部问题	代表对新事物的恐惧。无法吸收新事物。	生活与我相合。我每时每刻都在吸收新事物。一切都会好的。
胃炎	长期的不确定性。有不祥的感觉。	我爱自己，认可自己。我很安全。

(续表)

第三情绪中心	可能涉及的思维模式或因素	可尝试使用的肯定语
胃灼热	害怕、恐惧。 紧紧抓住恐惧。	我自由、充分地呼吸。 我很安全。 我相信生命的过程。
脾问题	代表痴迷。 沉迷于某事。	我爱自己，认可自己。 我很安全，一切都会好的。
胆固醇问题	堵塞快乐的通道。 害怕接受快乐。	我选择热爱生活，我的快乐通道是完全敞开的，接收快乐是安全的。
胆结石	苦涩。顽固的思想。 谴责。傲慢。	释怀过去能带来极大的快乐。 生活甘之如饴，我亦如此甜美。
腺体问题	代表地位稳定。 自我驱动的行动。	我有力量创造我的世界。
胸腺问题	感觉受到生活的打击和束缚。	爱使免疫系统变得强大。 我由内而外都很安全。 我用爱倾听自己。
结肠炎、结肠痉挛	缺乏安全感。 害怕放手。	生活将永远为我提供支持。 一切都会好的。
回肠炎	恐惧、担心。 感觉自己不够好。	我爱自己，认可自己。 我正在尽我所能。 我很棒。我很平静。
阑尾炎	恐惧，害怕生活。 堵塞了福流。	我很安全，我很放松。 生活充满欢愉。
痔疮	对最后期限的恐惧。 对过去的愤怒。 不敢放手。 感到负担很重。	我选择以爱面对过去。 我有足够的时间和空间做每件事。
肛门瘙痒	对过去愧疚、悔恨。	我安然地原谅自己。 我是自由的。
肛门疼痛	内疚，渴望惩罚。 感觉不够好。	过去已经结束。 我现在选择爱和认可自己。

(续表)

第三情绪中心	可能涉及的思维模式或因素	可尝试使用的肯定语
肛门脓肿	对不想放手的关系感到愤怒。	放手是安全的。 我不再需要的东西必须离开我的身体。
瘘管	紧紧抓住过去的垃圾不放。	我带着爱完全释怀了过去。 我是自由的。
肝脏问题	代表愤怒和原始情绪的源头。	我是有爱的、内心平和的，心情愉悦的。
肝炎	拒绝改变。 恐惧、愤怒、仇恨。	我的心灵得到了净化和自由。 我告别过去，走向新生。
黄疸	抱怨、偏见。	我对所有人（包括自己）都感受到宽容、同情和爱。
肾脏问题	代表批评、失望、失败、羞耻。反应像个孩子。	我采取的行动都是正确的。 成长是安全的。
肾结石	积攒了未化解的愤怒。	我轻而易举地化解了所有过去的问题。
肾上腺问题	悲观主义。 不再关怀自我。焦虑。	我爱自己，认可自己。 我可以照顾好自己。
库欣综合征	心理失衡。 过度产生压抑的想法。 一种被压倒的感觉。	我用爱平衡我的身心。 此刻我选择让我积极的想法。
艾迪生病	严重的情绪失调。 对自我的愤怒。	我爱护自己的身体、精神和情感。
肾炎	像个永远做不对事、永远不够好的孩子。	我爱自己，认可自己。 我关心自己。 我在任何时候都足够好。
胰腺问题	代表生活缺乏甜蜜感。	我的生活很甜蜜。
胰腺炎	拒绝、愤怒和沮丧。 生活似乎已经失去了甜蜜感。	我爱自己，认可自己。 只有我自己才能为我的生活中创造甜蜜和快乐。

（续表）

第三情绪中心	可能涉及的思维模式或因素	可尝试使用的肯定语
超重	通常代表恐惧、过度敏感、渴求保护。自我否定。	我接纳自己的感受。我在这里很安全。我可以创造自己的安全感。我爱自己，认可自己。
脂肪堆积	储存愤怒和自我惩罚。	我能原谅别人。我能原谅自己。我可以自由地享受生活。
胳膊的脂肪	身心得不到滋养而感到愤怒。	我想要的爱是安全的。
肚子的脂肪	对被剥夺的滋养感到愤怒。	我用精神食粮来充实自己。我感到满足和自由。
髋部的脂肪	对父母隐藏着深深的怨恨。	我愿意原谅过去。安然超越父母的局限。
大腿的脂肪	童年积攒的愤怒。常对父亲愤怒。	我看见父亲的内核是缺爱的孩童，我选择放下所有评判。此刻，我们挣脱代际枷锁，重获自由。
食欲过盛	恐惧。需要保护。评判情绪。	此地此刻，身心俱安。感受自然流经，无阻无怖。我的一切情绪是可以被接纳的。
食欲过低	恐惧。保护自我。不信任生活。	我爱自己，认可自己。我很安全。生活是安全快乐的。
暴食症	绝望的恐惧。对自我厌恶的疯狂填充和清除。	我被生命本身所爱、滋养和支持。我是安全的。
厌食症	否认自我。极度恐惧。自我厌恶。	做自己是安全的。我本来的样子就很好。我选择快乐和自我接纳。

(续表)

第三情绪中心	可能涉及的思维模式或因素	可尝试使用的肯定语
成瘾	逃避自我。 恐惧。 不知道如何爱自己。	我发现自己很棒。 我选择爱自己，悦纳自己。
糖尿病	强烈的控制欲。 深深的悲伤。 没有感觉甜蜜的事情。	此刻我充满了喜悦。 我现在选择体验今天的美好。

第四情绪中心	可能涉及的思维模式或因素	可尝试使用的肯定语
心脏问题	代表爱与安全的中心。	我的心随着爱的节奏而跳动。
心脏病	感到孤独和害怕。 缺乏快乐。 内心僵化。	欢乐、欢乐、欢乐。 我带着爱让欢乐流过我的脑海、身体和经历。
心肌梗死	为了金钱和地位，榨干内心所有的快乐。	我将欢乐带回我的内心。 我向所有人表达爱。
高血压	长期存在的情感问题没有得到解决。	我愉快地与过去和解。 我的内心很平静。
低血压	童年缺乏关爱。 悲观主义。	此刻我选择活在前所未有的喜悦中。 我的生活是快乐的。
动脉健康问题	代表无法承载生活的喜悦。	我内心充满喜悦，它随着我的心跳而在我身体里流淌。
动脉硬化	抗拒、紧张。 心胸狭窄。 拒绝看到美好的事。	我可以完全敞开心扉迎接生活和喜悦。 我选择以爱的视角去看待问题。
静脉炎	愤怒和沮丧。 将生活局限性和愉悦感匮乏归咎于他人。	此刻，快乐在我内心自由流动，我与生活和平相处。
静脉曲张	处于令人厌恶的环境中。 气馁。 感到过度劳累和负担过重。	我快乐地生活和前行。 我热爱生活，畅通无阻。
一般肺部问题	代表接受生活的能力。 压抑、悲伤。 对生活感到恐惧。 不觉得生活充实是有价值的。	我完美地平衡了生活。 我有能力接纳生命的丰盈。 我对生活充满热情，我可以充实地生活。
肺炎	绝望厌恶生活。 无法愈合的情感创伤。	我自由地接受充满生命气息和智慧的思想。 这是一个新的时刻。
肺结核	在自私中消耗自己。 占有欲。 产生了恶念或报复的想法。	当我爱自己和认可自己时，我就创造了一个快乐、和平的世界。

(续表)

第四情绪中心	可能涉及的思维模式或因素	可尝试使用的肯定语
肺气肿	畏惧生活。 不值得活下去。	我有自由生活的权利。 我爱生活，也爱我自己。
一般乳房问题	代表母性、哺育和滋养。	我以绝佳的平衡去汲取和给予滋养。
乳房囊肿、增生、疼痛	拒绝滋养自我。 把他人放在第一位。 过度的母性，过度的保护。	我很重要，我在乎自己。 我现在带着爱和快乐来照顾和滋养自己。 我允许他人自由地做自己。 我们都是安全和自由的。
乳突炎	愤怒和沮丧，不想听到发生什么。 通常发生在孩子身上。 恐惧影响了心智。	平和与和谐感包围着我。 我的世界一切都会好的。
囊肿	过去的痛苦如电影般出现在脑海里。 疗愈过程伴随阵痛。	我选择重构内心的叙事，赋予它们温暖与力量。 我爱自己。
囊性纤维化	坚信现在的生活不是自己想要的。	生活爱我，我爱生活。 此刻我选择全然而自由地接纳生活。

第五情绪中心	可能涉及的思维模式或因素	可尝试使用的肯定语
口腔问题	代表能否接纳新思想和精神养料。	我用爱滋养自己。
牙齿问题	长期犹豫不决。 无法用思维进行分析和判断。	我根据事实和原则作出决定。 我确信只会有正确的行动在我的生命里发生。
蛀牙	不能做出决定。 容易放弃。	我从爱与同理心出发去做决定。 我会把新的想法转变为行动。 我的新决定让我感到安心。
智齿	未曾给自己的心理空间创造稳固的根基。	我敞开心扉，扩展生命的广度。 我有足够的空间让自己成长和改变。
牙周炎	对无法做出决定感到愤怒。 软弱无力。	我认可自己。 我的决定对我自己而言总是完美的。
牙龈问题	无法做出决定。 对人生方向摇摆不定。	我是一个能决断的人。 我用爱支持自己。
牙关紧闭症	愤怒、烦恼。	我允许内心接受爱的洗礼，净化与治愈身体和情感的每一部分。
鹅口疮	对自己做出的错误决策感到愤怒。	我接受自己的决策，因为我知道我有改变的自由。 我是安全的。
口臭	愤怒与报复的念头。 积压的过往不断翻涌。	我用爱释怀过去。
舌头问题	代表品尝生活乐趣的能力。	我欣然悦纳生命所有的丰富馈赠。
鼻部问题	代表自我觉知。	我接纳自己的直觉力量。
鼻窦炎	对一个亲近的人恼怒。	平和与和谐时刻萦绕着我。 一切都会好的。

(续表)

第五情绪中心	可能涉及的思维模式或因素	可尝试使用的肯定语
鼻出血	需要被认可。 感觉不被认可和重视,渴望爱。	我爱自己,认可自己。 我认识到自己真正的价值。 我太棒了。
流鼻涕	寻求帮助。 内心哭泣。	我以自己喜欢的方式爱自己、安慰自己。
后鼻滴涕	内心哭泣,稚子的眼泪。 陷入受害者心境。	我接纳自己的一切。 我现在选择享受自己的生活。
鼻塞	不承认自我价值。	我爱自己,欣赏自己。
颈部问题	拒绝看到问题的其他方面。 固执己见,缺乏灵活性。	我会灵活和轻松地看到问题的各个方面。我是安全的。
喉咙问题	表达和创造的通道。	我敞开心扉,唱响爱之喜悦。
喉炎	害怕大声说话。 对权威的憎恨。	我可以自由地要求我想要的东西。 表达自己是安全的。
咽喉痛	愤怒的话语堵在喉间。 感觉无法表达自我。	我挣脱所有束缚。 我可以自由地做自己。 我可以轻松地为自己发声。
咽喉肿块	恐惧。 不相信生命的过程。	我很安全。 我相信生命支持我。 我能自由而快乐地表达自己。
支气管炎	代表恶劣的家庭环境。 争论、吵闹。	我在内心宣告和平与和谐。 一切都会好的。
咳嗽	向世界咆哮的欲望。 "看着我!听我说!"	我是被关注和认可的。 我正在被爱着。
过度换气	内心恐惧,抗拒变化。 不信事情会自然变好。	我不管在哪里,我都是安全的。 我爱自己,乜相信生命自有它的安排。
呼吸问题	心怀畏惧,未能全然活出自我。 甚至觉得自己没资格、没权利。	可我天生就能活得自由又痛快。我值得被爱。 我现在选择恣意地活。

(续表)

第五情绪中心	可能涉及的思维模式或因素	可尝试使用的肯定语
成人哮喘	窒息的爱。无法呼吸。感到窒息。压抑地哭泣。	现在对我来说是安全的,我可以掌控自己的生活。我选择自由。
儿童哮喘	对生活的恐惧。不想在这里。	我很安全,我是被爱着的。我是受欢迎的和被珍视的。
甲状腺肿	对别人带给自己的痛苦心怀憎恨。受挫,无法实现理想。	我是自己人生的主宰。我可以自由地成为自己。
甲状腺功能亢进	对被忽视感到愤怒。	我处于生活的中心。全然接纳自我,所见皆容。
甲状腺功能减退	心灰意冷。绝望得喘不过气。	我亲手创造新生活,给自己定下全力支持我的新原则。

第六情绪中心	可能涉及的思维模式或因素	可尝试使用的肯定语
大脑问题	代表心智的计算机、意识的中枢。	我是自我心智的主控者。
垂体问题	代表控制中枢。	我能很好地平衡身心。 我能控制自己的思想。
脑瘫	代表家庭团结问题。	我致力缔造一个团结、友爱、和平的家。
特发性面神经麻痹	过度压抑愤怒。 不愿表达情绪。	对我来说,表达情绪是安全的。 我原谅自己。
癫痫	受害者思维。 对生命的排斥。 巨大的挣扎感。 自我伤害。	生命是永恒的和快乐的。 我是喜悦的、平和的。
中风	放弃、抗拒改变。 对生命的排斥。	人生是变化的。 我很容易适应新事物。 我接受生命的过去、现在和未来。
脑膜炎	对生活的愤怒。 迸发的思维。	我对所有的责难释怀。 我接受生活的平静与欢乐。
脑部肿瘤	代表错误的固化信念。 固执。 拒绝改变旧有模式。	改变头脑里的信念很容易。 生命中很多事是可变的,而我的心智常新。
眼睛问题	代表能否看清过去、现在和未来的能力。	我用爱和喜悦去看待一切。
散光	害怕直面自我。	我现在愿意看到自身的美好和非凡。
白内障	无法快乐地展望未来。 黑暗的未来。	生命是永恒的,充满欢乐的。 我期待着每一个时刻。 我很安全。 生命爱我。
青光眼	坚决地无法原谅。 长期忍受伤害所带来的压力。 被压力压倒。	我用爱和温柔去看待一切。

(续表)

第六情绪中心	可能涉及的思维模式或因素	可尝试使用的肯定语
角膜炎	极度愤怒。 产生想要打自己所看到的人或物的冲动。	我允许内心的爱去治愈面前的一切,我选择和平。 在我的世界,一切都会好的。
结膜炎	对现在的生活感到愤怒和沮丧。	我用爱的双眼看待一切。 现在我能接受一种和谐的解决方案。
红眼病	愤怒和沮丧。不愿去看。	我放下"必须"正确的执念。 我很平静。 我关爱自己,认可自己。
干眼症	愤怒的眼睛。 拒绝用爱去看。 宁死也不宽恕,充满恨意。	我愿意原谅。 我用同理心来看待生活中的一切。
针眼	不喜欢现在的生活。	我正在创造一种我想要的生活。
睑腺炎	用愤怒的眼光看待生活。 对某人生气。	我选择用快乐和爱去看待每一个人和每件事。
远视	对当下的恐惧。	我此时此刻很安全。 我看得很清楚。
近视	对未来的恐惧。	我相信生命的过程,我很安全。
外斜视	害怕看到此时此地的事。	我是安全的。
耳朵问题	代表无法倾听或完全向外界敞开心扉。 缺乏信任。	我相信自己。我摒弃所有与爱的声音不同的想法。我以爱倾听内心的声音。
耳鸣	拒绝倾听。 没有听到内心的声音。 固执。	我用爱倾听内心的声音。 我摒弃一切不符合爱的行为。
中耳炎	愤怒,不想听。 太多的混乱。 父母争吵。	和谐包围着我。 我以爱倾听美好。

241

(续表)

第六情绪中心	可能涉及的思维模式或因素	可尝试使用的肯定语
耳聋	自我封闭、固执己见、拒绝聆听。	我倾听上天指引,欣悦接纳所闻。 我与万物合一。
注意缺陷多动症	缺乏灵活性。 恐惧外部世界。	生活爱我。 我爱现在的自己。 我可以自由地创造属于自己的快乐生活。我的世界一切都会好的。
多发性硬化症	思想僵化、精神固执、缺乏灵活性。害怕。	以爱和快乐的心态,我创造了一个充满爱和快乐的世界。 我现在是安全且自由的。
老年期痴呆	拒绝与世界打交道。 绝望和愤怒。	我所有的时刻都很安全。
帕金森病	恐惧。 控制一切的执念。	我知道自己是安全的,我很放松。 生命眷顾着我,我相信生命的过程。
阿尔茨海默病	拒绝面对现实世界。 绝望和无助。 愤怒。	我愿意用一种新的、更好的方式体验生活,我能原谅并放下过去,我会快乐起来。

第七情绪中心	可能涉及的思维模式或因素	可尝试使用的肯定语
焦虑	不相信生命的流动和过程。	我爱自己、接纳自己。 我相信生命的过程。 我是安全的。
抑郁	因觉得自己没资格拥有而愤怒。 绝望感。	我现在完全克服了对他人的恐惧。 我能够创造自己的生活。
恐慌	恐惧。 无法顺应生活节奏。	我有能力,也很坚强。 我能处理生活中的各种情况。 我知道该怎么做。 我是安全和自由的。
痛苦	不能表达的愤怒。	我以快乐、积极的方式抒发自己的情感。
虚弱	精神上需要休息。	我给自己的大脑放一个假。
冷漠	拒绝感受。 自我封闭。 恐惧。	我感受的过程是安全的。 我向生命敞开自己。 我愿意去体验生命。
哭泣	眼泪是生命之河,在喜悦、悲伤和恐惧中流淌。	我的情绪很平和。 我爱自己,认可自己。
疲劳	抵触、厌倦。 对所做的事缺乏热爱。	我对生活充满激情、活力和热情。
成长	抚平旧的疼痛。 产生怨恨。	我很容易原谅自己。 我会用积极的话鼓励自己。
恶心	恐惧。 拒绝某种想法或经历。	我很安全。 我相信生命的过程只会给我带来美好。
疣	压抑恨意的微小表达。 认为自己丑。	我就是爱与美本身的完美呈现。
头晕	心情浮躁、思维涣散。 拒绝看到外界。	我在生活中非常专注和平静。 我活在安全和快乐之中。

(续表)

第七情绪中心	可能涉及的思维模式或因素	可尝试使用的肯定语
打鼾	固执地拒绝放弃旧的思维模式。	我释放心中与爱和喜悦不谐之物。 我告别过往，接纳全新的、充满活力的自己。
脖子僵硬	顽固、执拗。	我接纳不同观点是安全的。
关节僵硬	固执、思维僵化。	我头脑灵活。 我是足够安全的。
口吃	缺乏安全感。 缺乏自我表达。 不允许哭泣。	我可以自由地为自己发声。 我现在可以很自信地表达自己的想法。 我用爱表达自己。
血管迷走性昏厥	恐惧。 无法应付。	我有能力和知识来处理生活中的一切。
昏迷	恐惧。 逃离某件事或某个人。	我是安全的。 我是被爱的。
晕车	恐惧。 被束缚。 被困住的感觉。	我在时间和空间维度轻松地移动。 我被爱包围着。
晕船	恐惧。 害怕死亡。 掌控感缺失。	我在宇宙中是完全安全的。 我在任何处境中都是平和的。 我信任生命本身。
感冒	同时发生太多的事情。 小伤害。	我能让自己的心灵放松下来。 我的内心和周围的一切都会好的。
寒战	精神上疏远、抽离。 渴望独处。	我一直很安全。 我被爱环绕和保护。 一切都会好的。
发烧	愤怒。燃烧。	我可以冷静、平和地表达。
头痛	贬低自我价值。 自我批评。 恐惧。	我爱自己，认可自己。 我用爱看待自我与所为，我很安全。

(续表)

第七情绪中心	可能涉及的思维模式或因素	可尝试使用的肯定语
偏头痛	不喜欢被人驱使。 抗拒生命的流动。性恐惧。	我很放松，一切顺其自然，我可以轻松地获得我所需的一切。
破伤风	愤怒。 控制的欲望。 拒绝表达情感。	我相信生命的过程。 我可以自在地提出真实的需求。 生活支持着我。
腹痛	紧张。 恐惧。 控制。	我喜欢过去的一切。 我能放松自己，让心灵平静下来。
刺痛	害怕。 对小事很敏感。	我原谅自己。 我爱自己。
擦伤	生活的小波折。 自我惩罚。	我喜爱和珍惜自己。 我对自己很友好。
扭伤	愤怒和抗拒。 不想让生活朝着某个方向发展。	我相信生活会把我带到更高的境界。 我很平静。
抓伤	感觉生活在你身上撕扯。 认为生活是一场骗局。	我感激生活对我的慷慨。 我是被祝福的。
割伤	惩罚自己不遵守规则。	我能够得到生活中的回报。
烧伤	愤怒、发火、被激怒。	我的内心很平静。 我感觉良好。
脸部问题	代表着我们对世界的展示。	做自己是安全的。 我表现出自己真实的样子。
脱发	恐惧、紧张。 试图控制一切。 不信任生活。	我很安全。 我喜爱和赞同自己。 我相信生活。
白发	压力。 紧张。	我很平静和舒适。 我很坚强、很有能力。
体味	恐惧，不喜欢自己。 害怕别人。	我爱自己，认可自己。 我很安全。

(续表)

第七情绪中心	可能涉及的思维模式或因素	可尝试使用的肯定语
多毛症	被掩盖的愤怒。 责怪他人。 不愿意关怀自我。	我被爱和认可包围。 我展示出真实的自我是安全的。
失去平衡	思维发散,不聚焦。	我接受完美的生活。 一切都会好的。
意外事故	不能为自己发声。 反抗权威。 认为暴力能解决问题。	我舍弃造成这一切的模式。 我很平静。 我是有价值的。
尿床	害怕父母,通常是父亲。	我们用爱和同理心来看待孩子。一切都会好的。
小儿麻痹症	嫉妒使人麻痹。 想要阻止某人。	我用爱的思想创造美好和自由。
慢性疾病	拒绝改变、害怕未来、没有安全感。	我愿意改变和成长。 我正在创造一个安全的、崭新的未来。
酗酒	无用感、负罪感、不足感。 自我排斥。	我活在当下。 每一刻都是新的。 我选择看到自我的价值。 我爱自己,认可自己。
食物中毒	任由他人控制自己。 感到无助。	我有力量和能力去消化我所经历的事。
身体左侧问题	代表接纳、女性能量、女性、母亲。	我的女性能量是平衡的。
身体右侧问题	代表给予、男性能量、男性、父亲。	我的男性能量是平衡的。
坏疽	心理疾病。 有害的想法淹没了快乐。	我现在选择和谐的思想,让快乐在我心中流淌。
疝气	关系破裂。 紧张、负担、错误的表达。	我的内心是温柔而平和的。 我爱自己,认可自己。 我可以自由地做自己。

(续表)

第七情绪中心	可能涉及的思维模式或因素	可尝试使用的肯定语
感染	恼怒、愤怒、烦躁。	我选择保持平静与和谐。
炎症	对自己的生活状况感到愤怒和沮丧。	我愿意改变所有的批评模式。我爱自己，认可自己。
流感	对群体的消极信念的外在反应。恐惧。	我不受群体信念的影响。我完全摆脱了所有心理堵塞和外界干扰。
皮肤癣菌病	让他人影响你的情绪。感觉自己不够好或不够干净。	我爱自己，认可自己。任何人、地方或事物都无法左右我，我是自由的。
病毒感染	生活中缺少快乐。痛苦。	我愿意让快乐在我的生活中自由流动，我爱自己。
真菌感染	陈旧的信念。拒绝释放过去。让过去主宰现在。	我活在当下，快乐而自由。
单纯疱疹病毒	总爱发牢骚。尖酸刻薄。	我只说爱的语言。我与生命和解，内心安宁。
念珠菌病	精神涣散。沮丧和愤怒。在人际关系中要求苛刻，缺乏信任。过度索取。	我尽己所能过上最好的生活。我欣赏自己和他人。
狂犬病	愤怒，信仰暴力。	我被和平包围和浸润。
尿失禁	情绪泛滥。多年控制情绪的表达。	我愿意去感受。我可以安全地表达我的情绪。我爱我自己。
肌肉问题	拒绝新体验。代表我们在生活中前进的能力。	新生活是一场欢乐的舞蹈。
抽搐	恐惧。一种被别人监视的感觉。	我是被认可的。我很安全。

(续表)

第七情绪中心	可能涉及的思维模式或因素	可尝试使用的肯定语
麻木	压抑爱与关怀。 精神上死亡。	我分享自己的感受和爱。 我用爱回应每个人。
痉挛	通过恐惧束缚思想。	我放松,我放手。 我在生活中是安全的。
肌营养不良	认为长大并不值得。	我超越了父母的局限。 我可以自由地成为更好的自己。
肌萎缩侧索硬化症	不愿意接受自我价值。 否认成功。	我知道我是有价值的。 我会成功的。 生活是善待我的。
下垂的纹路	脸上下垂的纹路源自心中消沉的思想。 对人生的怨恨。	我乐于表达生活的乐趣。 我享受每一天的每一刻。 我变年轻了。
衰老	需要被人照顾、被别人关注。 控制周围人。逃避现实。	无论什么年龄段,我都爱自己,认同自己。 生活中的每一段时光都是完美的。
失眠症	恐惧。 不相信生命的过程。 内疚。	我满怀爱意地放下今天,安然进入平静的睡眠,因为我知道明天会自然到来。
健忘病	恐惧,逃离生活。 无法维护自己。	我有智慧、勇气和自我价值。 我活在安全之中。
发作性睡病	无法应付,极度恐惧。 想摆脱这一切,不想待在这里。	我总是依靠智慧和上天的指引来保护自己。 我很安全。
精神错乱	逃离家庭。 逃避、退缩。 从生活中逃离。	我有与众不同的自我表达方式。
亨廷顿病	恨自己无法改变别人。 绝望。	我把所有控制的欲望归还给世界。 我与生命和平相处。

(续表)

第七情绪中心	可能涉及的思维模式或因素	可尝试使用的肯定语
神经系统问题	代表沟通。	我能轻松愉快地与人沟通。
神经衰弱	以自我为中心,信息通道堵塞。	我敞开心扉,只创造爱的交流。 我很安全,我很好。
神经质	恐惧、焦虑、挣扎、匆忙。不相信生命的过程。	我正行走在无尽的永恒之旅中,时间充裕无垠。 我与自己的心灵对话,一切都会好的。
神经痛	因罪恶感而受到惩罚。沟通的痛苦。	我原谅自己。 我爱自己,认可自己。 我用爱沟通。
不治之症	不能用外部手段治愈。必须从内部开始治愈。心病还须心药医。	奇迹每天都在发生。 我选择积极的思维模式。
肿瘤	沉溺于旧的创伤和打击。筑起悔恨之墙。	我以自我关怀之心,温柔释怀过往,将全然的关注转向这全新的一天。 一切都会好的。
自杀	只看到生活是黑白色的。拒绝看到其他出路。	我生活在各种可能性中。 总会有其他出路。 我很安全。
癌症	深深的伤害。 长期的怨恨。 秘密或悲伤吞噬着自我。 背负仇恨。	我用爱原谅和释怀过去的一切。 我选择让喜悦充满我的世界。 我爱自己,认可自己。
死亡	代表生命的电影终止了。	我快乐地拥有新的体验。 一切都会好的。

后　记

亲爱的读者，衷心感谢你与我共赴这场心灵之旅。与蒙娜·丽莎·舒尔茨共创此书的过程，让我对自己的理论体系有了更深刻的领悟——如今我对多年传授的疗愈之道有了全新认知：既洞见健康与疾病背后深层的模式规律，亦彻悟这些模式如何影响我们的生活，更清晰地见证了思维、情绪与健康三者间是如何紧密相连的。相信你必将运用书中智慧，创造健康喜乐的人生。祝愿个人疗愈新浪潮到来！

尾 注

第3章 第一情绪中心：对安全感和归属感的需求

1. M.L. Laudenslager et al., "Suppression of Specific Antibody Production by InescapableShock," *Brain, Behavior, and Immunity* 2, no.2 (June1988): 92–101; M.L. Laudenslager et al., "Suppressed Immune Response in Infant Monkeys Associated with Maternal Separation," *Behavioral Neural Biology* 36, no. 1 (September 1982): 40–48; S. Cohen and T. Wills, "Stress, Social Support, and the Buffering Hypothesis," *Psychological Bulletin* 98, no. 2 (September 1985): 310–357; J. Kiecolt-Glaser et al., "Psychosocial Modifiers of Immunocompetence in Medical Students," *Psychosomatic Medicine* 46, no. 1 (January 1984): 7–14; M. Seligman et al., "Coping Behavior," *Behaviour Research and Therapy* 18, no. 5 (1980): 459–512.

2. M. Mussolino, "Depression and Hip Fractures Risk," *Public Health Reports* 120, no. 1 (January–February 2005): 71–75; J. Serovich et al., "The Role of Family and Friend Social Support in Reducing Emotional Distress Among HIV-positive Women," *AIDS Care* 13, no. 3 (June 2001): 335–341; P. Solomon et al., eds., *Sensory Deprivation* (Cambridge, Mass.: Harvard University Press, 1961); E. Lindemann, "The Symptomatology and Management of Acute Grief," *American Journal of Psychiatry* 101 (1944): 141–148.

3. G. Luce, *Biological Rhythms in Psychiatry and Medicine, Public Health Service Publication No. 288* (Washington, D.C.: National Institutes of Mental Health, 1970); J. Vernikos-Danellis and C.M. Wingest, "The Importance of Social Cues in the Regulation of Plasma Cortisol in Man," in A. Reinbergand F. Halbers, eds., *Chronopharmacology* (New York: Pergamon, 1979).
4. M. Moore-Ede et al., *The Clocks That Time Us* (Cambridge, Mass.: Harvard University Press, 1961).
5. J. Chiang et al., "Negative and Competitive Social Interactions are Related to Heightened Proinflammatory Cytokine Activity," *Proceedings of National Academy of Sciences of the USA* 109, no.6 (February 7, 2012): 1878–1882; S. Hayley, "Toward an Anti-inflammatory Strategy for Depression," *Frontiers in Behavioral Neuroscience* 5 (April 2011): 19; F. Eskandari et al., "Low Bone Mass in Premenopausal Women With Depression," *Archives of Internal Medicine* 167, no. 21 (November 26, 2007): 2329–2336.
6. L. LeShan, "An Emotional Life-History Pattern Associated with Neoplastic Disease," *Annals of the New York Academy of Sciences* 125, no. 3 (January 21, 1966): 780–793.
7. R. Schuster et al., "The Influence of Depression on the Progression of HIV: Direct and Indirect Effects," *Behavior Modification* 36, no. 2 (March 2012): 123–145; J.R. Walker et al., "Psychiatric Disorders in Patients with Immune-Mediated Inflammatory Diseases: Prevalence, Association with Disease Activity, and Overall Patient Well-Being," *Journal of Rheumatology Supplement* 88 (November 2011): 31–35; D. Umberson and J. K. Montez, "Social Relationships and Health: A Flashpoint for Health Policy," *Journal of Health and Social Behavior* 51 (2010): S54–S66; M. Hofer, "Relationships as Regulators," *Psychosomatic Medicine* 46, no. 3 (May 1984): 183–197; C.B. Thomas et al., "Family Attitudes Reported in Youth as Potential Predictors of Cancer," *Psychosomatic Medicine* 41 (June 1979): 287–302; C.B. Thomas and K.R. Duszynski, "Closeness to Parents and the Family Constellation in a Prospective Study of Five Disease States: Suicide, Mental Illness, Malignant Tumor, Hypertension and Coronary Heart Disease," *Johns Hopkins Medical Journal* 134,

no. 5 (May 1974): 251–70; C.B. Thomas and R.L. Greenstreet, "Psychobiological Characteristics in Youth as Predictors of Five Disease States: Suicide, Mental Illness, Hypertension, Coronary Heart Disease and Tumor," *Johns Hopkins Medical Journal* 132, no. 1 (January 1973): 16–43; L.D. Egbert et al., "Reduction of Postoperative Pain by Encouragement and Instruction of Patients," *New England Journal of Medicine* 270 (April 16, 1964): 825–827.

8. F. Poot et al., "A Case-control Study on Family Dysfunction in Patients with Alopecia Areata, Psoriasis and Atopic Dermatitis," *Acta Dermato-Venereologica* 91, no. 4 (June 2011):415–421.

9. S. Cohen et al., "Social Ties and Susceptibility to the Common Cold," *Journal of the American Medical Association* 277, no. 24 (June25, 1997): 1940–1944; J. House et al., "Social Relationships and Health," *Science* 241, no. 4865 (July 29, 1988): 540–545; L.D. Egbert et al., "Reduction of Postoperative Pain by Encouragement and Instruction of Patients. A Study of Doctor-Patient Rapport," *New England Journal of Medicine* 16 (April 1964): 825–827.

10. R.P. Greenberg and P.J. Dattore, "The Relationship Between Dependency and the Development of Cancer," *Psychosomatic Medicine* 43, no. 1 (February 1981): 35–43.

11. T.M. Vogt et al., "Social Networks as Predictors of Ischemic Heart Disease, Cancer, Stroke, and Hypertension: Incidence, Survival and Mortality," *Journal of Clinical Epidemiology* 45, no. 6 (June 1992): 659–666; L.F. Berkmanand S.L. Syme, "Social Networks, Host Resistance, and Mortality: A Nine-Year Follow-up Study of Alameda County Residents," *American Journal of Epidemiology* 109, no. 2 (February 1979): 186–204; S.B. Friedman et al., "Differential Susceptibility to a Viral Agent in Mice Housed Alone or in Groups," *Psychosomatic Medicine* 32, no. 3 (May–June 1970): 285–299.

12. U. Schweiger et al., "Low Lumbar Bone Mineral Density in Patients with Major Depression: Evidence of Increased Bone Lossat Follow-Up," *American Journal of Psychiatry* 157, no. 1 (January 2000): 118–120; U.Schweiger et al., "Low Lumbar Bone Mineral Density in Patients with Major Depression," *American Journal of*

Psychiatry 151, no. 11 (November 1994): 1691–1693.

第4章 第二情绪中心：对平衡金钱和爱情的需求

1. A. Ambresin et al., "Body Dissatisfaction on Top of Depressive Mood Among Adolescents with Severe Dysmenorrhea," *Journal of Pediatric and Adolescent Gynecology* 25, no. 1 (February 2012):19–22;

2. P. Nepomnaschy et al., "Stress and Female Reproductive Function," *American Journal of Human Biology* 16, no. 5 (September–October 2004): 523–532; B. Meaning, "The Emotional Needs of Infertile Couples," *Fertility and Sterility* 34, no. 4 (October 1980): 313–319; B. Sandler, "Emotional Stress and Infertility," *Journal of Psychosomatic Research* 12, no. 1 (June 1968): 51–59; B. Eisner, "Some Psychological Differences between Fertile and Infertile Women," *Journal of Clinical Psychology* 19, no. 4 (October 1963): 391–395; J. Greenhill, "Emotional Factors in Female Infertility," *Obstetrics & Gynecology* 7, no. 6 (June 1956): 602–607.

3. F. Judd et al., "Psychiatric Morbidity in Gynecological Outpatients," *Journal of Obstetrics and Gynaecology Research* 38, no. 6 (June 2012): 905–911; D. Hellhammer et al., "Male Infertility," *Psychosomatic Medicine* 47, no. 1 (January–February 1985): 58–66; R.L. Urry, "Stress and Infertility," in: A.T.K. Cockett and R.L. Urry, eds., *Male Infertility* (New York: Grune & Stratton, 1977),145–162.

4. Niravi Payne, *The Language of Fertility* (New York: Harmony Books, 1997); Christiane Northrup, *Women's Bodies, Women's Wisdom* (New York: Bantam, 1994), 353; A. Domar et al., "The Prevalence and Predictability of Depression in Infertile Women," *Fertility & Sterility* 58, no. 6 (December 1992): 1158–1163; P. Kemeter, "Studies on Psychosomatic Implications of Infertility on Effects of Emotional Stress on Fertilization and Implantation in In Vitro Fertilization," *Human Reproduction* 3, no. 3 (1988): 341–352; S. Segal et al., "Serotonin and 5-hydroxyindoleacetic Acid in Fertile and Subfertile Men," *Fertility & Sterility* 26, no. 4 (April 1975): 314–316; R. Vanden Burgh et al., "Emotional Illness in Habitual Aborters Following Suturing of Incompetent Os," *Psychosomatic Medicine* 28, no. 3

(1966): 257–263; B. Sandler, "Conception after Adoption," *Fertility & Sterility* 16 (May–June 1965): 313–333; T. Benedek et al., "Some Emotional Factors in Fertility," *Psychosomatic Medicine* 15, no. 5 (1953): 485–498.

5. H.B. Goldstein et al., "Depression, Abuse and Its Relationship to Internal Cystitis," *International Urogynecology Journal and Pelvic Floor Dysfunction* 19, no. 12 (December 2008): 1683–1686; R. Fry, "Adult Physical Illness and Childhood Sexual Abuse," *Journal of Psychosomatic Research* 37, no. 2 (1993): 89–103; R. Reiteretal., "Correlation between Sexual Abuse and Somatization in Women with Somatic and Nonsomatic Pelvic Pain," *American Journal of Obstetrics and Gynecology* 165, no. 1 (July 1991): 104–109; G. Bachmann et al., "Childhood Sexual Abuse and the Consequences in Adult Women," *Obstetrics and Gynecology* 71, no. 4 (April 1988): 631–642.

6. S. Ehrström et al., "Perceived Stress in Women with Recurrent Vulvovaginal Candidiasis," *Journal of Psychosomatic Obstetrics and Gynaecology* 28, no. 3 (September 2007): 169–176; C. Wira and C. Kauschic, "Mucosal Immunity in the Female Reproductive Tract," in H. Kiyono et al., eds., *Mucosal Vaccines* (New York: Academic Press, 1996); J.L. Herman, *Father-Daughter Incest* (Cambridge, Mass.: Harvard University Press, 1981); R.J. Grosset al., "Borderline Syndrome and Incest in Chronic Pelvic Pain Patients," *International Journal of Psychiatry in Medicine* 10, no. 1 (1980–1981): 79–96; Pereya, "The Relationship of Sexual Activity to Cervical Cancer," *Obstetrics & Gynecology* 17, no. 2 (February 1961): 154–159; M. Tarlan and I. Smalheiser, "Personality Patterns in Patients with Malignant Tumors of the Breast and Cervix," *Psychosomatic Medicine* 13, no. 2 (March–April 1951):117–121.

7. K. Goodkin et al., "Stress and Hopelessness in the Promotion of Cervical Intraepithelial Neoplasia to Invasive Squamous Cell Carcinoma of the Cervix," *Journal of Psychosomatic Research* 30, no. 1 (1986): 67–76; A. Schmale and H. Iker, "Hopelessness as a Predictor of Cervical Cancer," *Social Science & Medicine* 5, no. 2 (April 1971): 95–100; M. Antoni and K. Goodkin, "Host Moderator Variables in the Promotion of Cervical Neoplasia-I," *Journal of Psychosomatic Research* 32, no. 3

(1988): 327–338; A. Schmale and H. Lker, "The Psychological Setting of Uterine and Cervical Cancer," *Annals of the New York Academy of Sciences* 125 (1966): 807–813; J. Wheeler and B. Caldwell, "Psychological Evaluation of Women with Cancer of the Breast and Cervix," *Psychosomatic Medicine* 17, no. 4 (1955): 256–268; J. Stephenson and W. Grace, "Life Stress and Cancer of the Cervix," *Psychosomatic Medicine* 16, no. 4 (1954): 287–294.

8. S. Currie and J. Wang, "Chronic Back Pain and Major Depression in the General Canadian Population," *Pain* 107, nos. 1 and 2 (January 2004): 54–60; B.B. Wolman, *Psychosomatic Disorders* (New York: Plenum Medical Books, 1988); S. Kasl et al., "The Experience of Losing a Job," *Psychosomatic Medicine* 37, no. 2 (March 1975): 106–122; S. Cobb, "Physiological Changes in Men Whose Jobs Were Abolished," *Journal of Psychosomatic Research* 18, no. 4 (August 1974): 245–258; T.H. Holmes and H.G. Wolff, "Life Situations, Emotions, and Backache," *Psychosomatic Medicine* 14, no. 1 (January–February 1952):18–32.

9. S.J. Linton and L.E. Warg, "Attributions (Beliefs) and Job Dissatisfaction Associated with Back Pain in an Industrial Setting," *Perceptual and Motor Skills* 76, no. 1 (February 1993):51–62.

10. K. Matsudairaetal., "Potential Risk Factors for New Onset of Back Pain Disability in Japanese Workers: Findings from the Japan Epidemiological Research of Occupation-Related Back Pain Study," *Spine* 37, no. 15 (July 1, 2012): 1324–1333; M.T. Driessen et al., "The Effectiveness of Physical and Organisational Ergonomic Interventions on Low Back Pain and Neck Pain: A Systematic Review," *Occupational and Environmental Medicine* 67, no. 4 (April 2010): 277–285; N. Magnavita, "Perceived Job Strain, Anxiety, Depression and Musculo-Skeletal Disorders in Social Care Workers," *Giornale Italiano di Medicina del Lavoro ed Ergonomia* 31, no. 1, suppl. A (January–March 2009): A24–A29.

11. S. Saarijarvi et al., "Couple Therapy Improves Mental Well-being in Chronic Lower Back Pain Patients," *Journal of Psychosomatic Research* 36, no. 7 (October 1992):651–656.

第5章 第三情绪中心：对自我关注和自我价值的需求

1. D. O'Malley et al., "Do Interactions Between Stress and Immune Responses Lead to Symptom Exacerbations in Irritable Bowel Syndrome?" *Brain, Behavior, and Immunity* 25, no. 7 (October 2011): 1333–1341; C. Jansson et al., "Stressful Psychosocial Factors and Symptoms of Gastroesophageal Reflux Disease: a Population-based Study in Norway," *Scandinavian Journal of Gastroenterology* 45, no. 1 (2010): 21–29; J. Sareen et al., "Disability and Poor Quality of Life Associated With Comorbid Anxiety Disorders and Physical Conditions," *Archives of Internal Medicine* 166, no. 19 (October 2006): 2109–2116; R.D. Goodwin and M.B.Stein, "Generalized Anxiety Disorder and Peptic Ulcer Disease Among Adults in the United States," *Psychosomatic Medicine Journal of Behavioral Medicine* 64, no. 6 (November–December 2002): 862–866; P. G. Henke, "Stomach Pathology and the Amygdala," in J.P. Aggleton, ed., *The Amygdala: Neurobiological Aspects of Emotion, Memory, and Mental Dysfunction* (New York: Wiley-Liss, 1992): 323–338.

2. L.K. Trejdosiewicz et al., "Gamma Delta T Cell Receptor-positive Cells of the Human Gastrointestinal Mucosa: Occurrence and V Region Expression in Heliobacter Pylori-Associated Gastritis, Celiac Disease, and Inflammatory Bowel Disease," *Clinical and Experimental Immunology* 84, no. 3 (June 1991): 440–444.

3. T.G. Digan and J.F. Cryan, "Regulation of the Stress Response by the Gut Microbiota: Implications for Psychoneuroendocrinology," *Psychoneuroendocrinology* 37, no. 9 (September 2012): 1369–1378; G.B. Glavin, "Restraint Ulcer: History, Current Research and Future Implications," *Brain Research Bulletin* Supplement, no. 5 (1980): 51–58.

4. J.M. Lackner et al., "Self Administered Cognitive Behavior Therapy for Moderate to Severe IBS: Clinical Efficacy, Tolerability, Feasibility," *Clinical Gastroenterology and Hepatology* 6, no. 8 (August 2008): 899–906; F. Alexander, "Treatment of a Caseof Peptic Ulcer and Personality Disorder," *Psychosomatic Medicine* 9, no. 5 (September 1947): 320–330; F. Alexander, "The Influence of Psychologic Factors upon Gastro-Intestinal Disturbances: ASymposium—I.

General Principles, Objectives, and Preliminary Results," *Psychoanalytic Quarterly* 3 (1934): 501–539.

5. S.J. Melhorn et al., "Meal Patterns and Hypothalamic NPY Expression During Chronic Social Stress and Recovery," *American Journal of Physiology Regulatory, Integrative and Comparative Physiology* 299, no. 3 (July 2010): R813–R822; I.K. Barker et al., "Observations on Spontaneous Stress-Related Mortality Among Males of the Dasyurid Marsupial Antechinus Stuartii Macleay," *Australian Journal of Zoology* 26, no. 3 (1978): 435–447; J.L. Barnett, "A Stress Response in Som Antechinus Stuartii (Macleay)," *Australian Journal of Zoology* 21, no. 4 (1973): 501–513; R. Ader, "Effects of Early Experience and Differential Housing on Susceptibility to Gastric Erosions in Lesion-Susceptible Rats," *Psychosomatic Medicine Journal of Behavioral Medicine* 32, no. 6 (November 1970): 569–580.

6. G.L. Flett et al., "Perfectionism, Psychosocial Impact and Coping with Irritable Bowel Disease: A study of Patients with Crohn's Disease and Ulcerative colitis," *Journal of Health Psychology* 16, no. 4 (May 2011): 561–571; P. Castelnuovo-Tedesco, "Emotional Antecedents of Perforation of Ulcers of the Stomach and Duodenum," *Psychosomatic Medicine* 24, no. 4 (July 1962):398–416.

7. R.K. Gundry et al., "Patterns of Gastric Acid Secretion in Patients with Duodenal Ulcer: Correlations with Clinical and Personality Features," *Gastroenterology* 52, no. 2 (February 1967): 176–184; A. Stenback, "Gastric Neurosis, Pre-ulcers Conflict, and Personality in Duodenal Ulcer," *Journal of Psychosomatic Research* 4 (July 1960): 282–296; W.B. Cannon, "The Influence of Emotional States on the Functions of the Alimentary Canal," *The American Journal of the Medical Sciences* 137, no. 4 (April 1909):480–486.

8. E. Fuller-Thomson et al., "Is Childhood Physical Abuse Associated with Peptic Ulcer Disease? Findings From a Population-based Study," *Journal of Interpersonal Violence* 26, no. 16 (November 2011): 3225–3247; E.J. Pinter et al., "The Influence of Emotional Stress on Fat Mobilization: The Role of Endogenous Catecholamines and the Beta Adrenergic Receptors," *The American Journal of the Medical Sciences* 254, no. 5 (November 1967): 634–651.

9. S. Minuchin et al., "Psychosomatic Families: Anorexia Nervosa in Context," (Harvard University Press, 1978): 23–29; G.L. Engel, "Studies of Ulcerative Colitis: V. Psychological Aspects and Their Implications for Treatment," *The American Journal of Digestive Diseases and Nutrition* 3, no. 4 (April 1958): 315–337; J.J. Groen and J.M. Van der Valk, "Psychosomatic Aspects of Ulcerative Colitis," *Gastroenterologia* 86, no. 5 (1956): 591–608; G.L. Engel, "Studies of Ulcerative Colitis. III. The Nature of the Psychologic Process," *The American Journal of Medicine* 19, no. 2 (August 1955):231–256.

10. S.J. Melhorn et al., "Meal Patterns and Hypothalamic NPY Expression During Chronic Social Stress and Recovery," *American Journal of Physiology-Regulatory, Integrative and Comparative Physiology* 299, no. 3 (September 2010): R813–R822; P.V. Cardon, Jr., and P.S. Mueller, "A Possible Mechanism: Psychogenic Fat Mobilization," *Annals of the New York Academy of Sciences* 125 (January 1966): 924–927; P.V. Cardon, Jr., and R.S. Gordon,"Rapid Increase of Plasma Unesterified Fatty Acids in Man during Fear," *Journal of Psychosomatic Research* 4 (August 1959): 5–9; M.D. Bogdonoff et al., "Acute Effect of Psychologic Stimuli upon Plasma Non-esterified Fatty Acid Level," *Experimental Biology and Medicine* 100, no. 3 (March 1959): 503–504.

11. R.N. Melmed et al., "The Influence of Emotional State on the Mobilization of Marginal Pool Leukocytes after Insulin-Induced Hypoglycemia. A Possible Role for Eicosanoids as Major Mediators of Psychosomatic Processes," *Annals of the New York Academy of Sciences* 496 (May 1987): 467–476; H. Rosen and T. Lidz, "Emotional Factors in the Precipitation of Recurrent Diabetic Acidosis," *Psychosomatic Medicine Journal of Behavioral Medicine* 11, no. 4 (July 1949): 211–215; A. Meyer et al., "Correlation between Emotions and Carbohydrate Metabolism in Two Cases of Diabetes Mellitus," *Psychosomatic Medicine Journal of Behavioral Medicine* 7, no. 6 (November 1945): 335–341.

12. S.O. Fetissov and P. Déchelotte, "The New Link between Gut-Brain Axis and Neuropsychiatric Disorders," *Current Opinion in Clinical Nutrition and Metabolic Care* 14, no. 5 (September 2011): 477–482; D. Giugliano et al., "The Effects of

Diet on Inflammation: Emphasis on the Metabolic Syndrome," *Journal of the American College of Cardiology* 48, no. 4 (August 2006): 677–685; G. Seematter et al., "Stress and Metabolism," *Metabolic Syndrome and Related Disorders* 3, no. 1 (2005): 8–3; A.M. Jacobson and J.B. Leibovitch, "Psychological Issues in Diabetes Mellitus," *Psychosomatics: Journal of Consultation Liaison Psychiatry* 25, no. 1 (January 1984): 7–15; S.L. Werkman and E.S. Greenberg, "Personality and Interest Patterns in Obese Adolescent Girls," *Psychosomatic Medicine Journal of Biobehaviorial Medicine* 29, no. 1 (January 1967):72–80.

13. J.H. Fallon et al., "Hostility Differentiates the Brain Metabolic Effects of Nicotine," *Cognitive Brain Research* 18, no. 2 (January 2004): 142–148; R.N. Melmed et al., "The Influence of Emotional Stress on the Mobilization of Marginal Pool Leukocytes after Insulin-Induced Hypoglycemia. A Possible Role for Eicosanoids as Major Mediators of Psychosomatic Processes," *Annals of the New York Academy of Sciences* 496 (May 1987): 467–476; P.V.Cardon Jr. and P.S. Mueller, "A Possible Mechanism: Psychogenic Fat Mobilization," *Annals of the New York Academy of Sciences* 125 (January 1966): 924–927; M.D. Bogdonoff et al., "Acute Effect of Psychologic Stimuli upon Plasma Non-Esterified Fatty Acid Level," *Experimental Biology and Medicine* 100, no. 3 (March 1959): 503–504; P.V. Cardon, Jr., and R.S. Gordon, "Rapid Increase of Plasma Unesterified Fatty Acids in Man during Fear," *Journal of Psychosomatic Research* 4 (August 1959): 5–9; A. Meyer et al., "Correlation between Emotions and Carbohydrate Metabolism in Two Cases of Diabetes Mellitus," *Psychosomatic Medicine Journal of Behavioral Medicine* 7, no. 6 (November 1945):335–341.

第6章 第四情绪中心：对表达自我和情绪的需求

1. H.P. Kapfhammer, "The Relationship between Depression, Anxiety and Heart Disease—a Psychosomatic Challenge," *Psychiatr Danubina* 23, no. 4 (December 2011): 412–424; B.H.Brummettetal., "Characteristics of Socially Isolated Patients With Coronary Artery Disease Who Are at Elevated Risk for Mortality," *Psychosomatic Medicine Journal of Biobehavioral Medicine* 63, no. 2 (March 2001):

267–272; W.B. Cannon, *Bodily Changes in Pain, Hunger, Fear and Rage* (New York: D. Appleton & Co., 1929).

2. K.S. Whittaker et al., "Combining Psychosocial Data to Improve Prediction of Cardiovascular Disease Risk Factors and Events: The National Heart, Lung, and Blood Institute–Sponsored Women's Ischemia Syndrome Evaluation Study," *Psychosomatic Medicine Journal of Biobehavioral Medicine* 74, no. 3 (April 2012): 263–270; A. Prasad et al., "Apical Ballooning Syndrome (Tako-Tsubo or Stress Cardiomyopathy): A mimic of Acute Myocardial Infarction," *American Heart Journal* 155, no. 3 (March 2008): 408–417; Wittstein, I.S. et al. "Neurohumoral Features of Myocardial Stunning Due to Sudden Emotional Stress," *The New England Journal of Medicine* 352, no. 6 (February 2005): 539–548; M.A. Mittleman et al., "Triggering of Acute Myocardial Infarction Onset of Episodes of Anger," *Circulation* 92 (1995): 1720–1725; G. Ironson et al., "Effects of Anger on Left Ventricular Ejection Fraction in Coronary Artery Disease," *American Journal of Cardiology* 70, no. 3 (August 1992): 281–285; R.D. Lane and G.E. Schwartz, "Induction of Lateralized Sympathetic Input to the Heart by the CNS During Emotional Arousal: A Possible Neurophysiologic Trigger of Sudden Cardiac Death," *Psychosomatic Medicine* 49, no. 3 (May–June 1987): 274–284; S.G. Haynes et al., "The Relationship of Psychosocial Factors to Coronary Heart Disease in the Framingham Study. III. Eight-Year Incidence of Coronary Heart Disease," *American Journal of Epidemiology* 111, no. 1 (January 1980): 37–58.

3. T.W. Smith et al., "Hostility, Anger, Aggressiveness, and Coronary Heart Disease: An Interpersonal Perspective on Personality, Emotion, and Health." *Journal of Personality* 72, no. 6 (December 2004): 1217–1270; T.M. Dembroski et al., "Components of Hostility as Predictors of Sudden Death and Myocardial Infarction in the Multiple Risk Factor Intervention Trial,"*Psychosomatic Medicine* 51, no. 5 (September–October 1989): 514–522; K.A. Matthews et al., "Competitive Drive, Pattern A, and Coronary Heart Disease," *Journal of Chronic Diseases* 30, no. 8 (August 1977): 489–498; I. Pilowsky et al., "Hypertension and Personality," *Psychosomatic Medicine* 35, no. 1 (January–February 1973):50–56.

4. M.D. Boltwood et al., "Anger Reports Predict Coronary Artery Vasomotor Response to Mental Stress in Atherosclerotic Segments," *American Journal of Cardiology* 72, no. 18 (December 15, 1993): 1361–1365; P.P. Vitaliano et al., "Plasma Lipids and Their Relationships with Psychosocial Factorsin Older Adults," *Journal of Gerontology, Series B, Psychological Sciences and Social Sciences* 50, no. 1 (January 1995): 18–24.
5. H.S. Versey and G.A. Kaplan, "Mediation and Moderation of the Association Between Cynical Hostility and Systolic Blood Pressure in Low-Income Women," *Health Education & Behavior* 39, no. 2 (April 2012):219–228.
6. P.J. Mills and J.E. Dimsdale, "Anger Suppression: Its Relationship to Beta-Adrenergic Receptor Sensitivity and Stress-Induced Changes in Blood Pressure," *Psychological Medicine* 23, no. 3 (August 1993): 673–678.
7. M.Y. Gulec et al., "Cloninger's Temperament and Character Dimension of Personality in Patients with Asthma," *International Journal of Psychiatry in Medicine* 40, no. 3 (2010): 273–287; P.M. Eng et al., "Anger Expression and Risk of Stroke and Coronary Heart Disease Among Male Health Professionals," *Psychosomatic Medicine* 65, no. 1 (January–February 2003): 100–110; L. Musante et al., "Potential for Hostility and Dimensions of Anger," *Health Psychology* 8, no. 3 (1989): 343–354; M.A. Mittleman et al., "Triggering of Acute Myocardial Infarction Onset of Episodes ofAnger," *Circulation* 92 (1995): 1720–1725; M. Koskenvuo et al., "Hostility as a Risk Factor for Mortality and Ischemic Heart Disease in Men," *Psychosomatic Medicine* 50, no. 4 (July–August 1988): 330–340; J.E. Williams et al, "The Association Between Trait Anger and Incident Stroke Risk: The Atherosclerosis Risk in Communities (ARIC) Study," *Stroke* 33, no. 1 (January 2002): 13–19; N. Lundberg et al., "Type A Behavior in Healthy Males and Females as Related to Physiological Reactivity and Blood Lipids," *Psychosomatic Medicine* 51, no. 2 (March–April 1989): 113–122; G. Weidner et al., "The Role of Type A Behavior and Hostility in an Elevation of Plasma Lipids in Adult Women and Men," *Psychosomatic Medicine* 49, no. 2 (March–April 1987): 136–145.
8. L.H. Powell et al., "Can the Type A Behavior Pattern Be Altered after Myocardial

Infarction? A Second-Year Report for the Recurrent Coronary Prevention Project," *Psychosomatic Medicine* 46, no. 4 (July–August 1984): 293–313.

9. D. Giugliano et al., "The Effects of Diet on Inflammation: Emphasis on the Metabolic Syndrome," *Journal of the American College of Cardiology* 48, no. 4 (August 15, 2006): 677–685; C.M. Licht et al., "Depression Is Associated With Decreased Blood Pressure, but Antidepressant Use Increases the Risk for Hypertension," *Hypertension* 53, no. 4 (April 2009): 631–638; G.Seematter et al., "Stress and Metabolism," *Metabolic Syndrome and Related Disorders* 3, no. 1 (2005): 8–13; I. Pilowsky et al., "Hypertension and Personality," *Psychosomatic Medicine* 35, no. 1 (January–February 1973): 50–56; J.P.Henry and J.C. Cassel, "Psychosocial Factors in Essential Hypertension. Recent Epidemiologic and Animal Experimental Evidence," *American Journal of Epidemiology* 90, no. 3 (September 1969):171–200.

10. P.J. Clayton, "Mortality and Morbidity in the First Year of Widowhood," *Archives of General Psychiatry* 30, no. 6 (June 1974): 747–750; C.M. Parkes and R.J. Brown, "Health After Bereavement: A Controlled Study of Young Boston Widows and Widowers," *Psychosomatic Medicine* 34, no. 5 (September–October 1972): 449–461; M. Young et al., "The Mortality of Widowers," *The Lancet* 282, no. 7305 (August 1963): 454–457.

11. W.T. Talman, "Cardiovascular Regulation and Lesions of the Central Nervous System," *Annals of Neurology* 18, no. 1 (July 1985): 1–13; P.D. Walland G.D. Davis, "Three Cerebral Cortical Systems Affecting Autonomic Function," *Journal of Neurophysiology* 14, no. 6 (November 1951): 507–517; G.R. Elliot and C. Eisdorfer, *Stress and Human Health: Analysis and Implications of Research* (New York: Springer, 1982).

12. R.J. Tynan et al., "A Comparative Examination of the Anti-inflammatory Effects of SSRI and SNRI Antidepressants on LPS Stimulated Microglia," *Brain, Behavior, and Immunity* 26, no. 3 (March 2012): 469–479; L. Mehl-Madrona, "Augmentation of Conventional Medical Management of Moderately Severe or Severe Asthma with Acupuncture and Guided Imagery/Meditation," *The Permanente Journal* 12, no. 4 (Fall 2008):9–14.

13. A.C. Ropoteanu, "The Level of Emotional Intelligence for Patients with Bronchial Asthma and a Group Psychotherapy Plan in 7 Steps," *Romanian Journal of Internal Medicine* 49, no. 1 (2011):85–91.

14. C. Jasmin et al., "Evidence for a Link Between Certain Psychological Factors and the Risk of Breast Cancer in a Case-Control Study. Psycho-Oncologic Group (P.O.G.)," *Annals of Oncology* 1, no. 1 (1990): 22–29; M. Tarlauand Smalheiser, "Personality Patterns in Patients with Malignant Tumors ofthe Breast and Cervix," *Psychosomatic Medicine* 13, no. 2 (March 1951): 117–121; L. LeShan, "Psychological States as Factors in the Development of Malignant Disease: A Critical Review," *Journal of the National Cancer Institute* 22, no. 1 (January 1959): 1–18; H. Becker, "Psychodynamic Aspects of Breast Cancer. Differences in Younger and Older Patients," *Psychotherapy and Psychosomatics* 32, nos. 1–4 (1979): 287–296; H. Snow, *The Proclivity of Women to Cancerous Diseases and to Certain Benign Tumors* (London: J. & A. Churchill, 1891); H. Snow, *Clinical Notes on Cancer* (London: J. & A. Churchill, 1883).

15. D. Razavi et al., "Psychosocial Correlates of Oestrogen and Progesterone Receptors in Breast Cancer," *The Lancet* 335, no. 3695 (April 21, 1990): 931–933; S.M. Levy et al., "Perceived Social Support and Tumor Estrogen/ Progesterone Receptor Status as Predictors of Natural Killer Cell Activity in Breast Cancer Patients," *Psychosomatic Medicine* 52, no. 1 (January–February 1990): 73–85; S. Levy et al., "Correlation of Stress Factors with Sustained Depression of Natural Killer Cell Activity and Predicted Prognosis in Patients with Breast Cancer," *Journal of Clinical Oncology* 5, no. 3 (March 1987): 348– 353; A. Brémond et al., "Psychosomatic Factors in Breast Cancer Patients: Results of a Case Control Study," *Journal of Psychosomatic Obstetrics & Gynecology* 5, no. 2 (January 1986): 127–136; K.W. Pettingale et al., "Mental Attitudes to Cancer: An Additional Prognostic Factor," *The Lancet* 1, no. 8431 (March 1985): 750; M. Wirsching et al., "Psychological Identification of Breast Cancer Patients before Biopsy," *Journal of Psychosomatic Research* 26, no. 1 (1982): 1–10; K.W. Pettingale et al., "Serum IgA and Emotional Expression in Breast Cancer Patients," *Journal of Psychosomatic Research* 21, no. 5

(1977):395–399.
16. M. Eskelinen and P. Ollonen," Assessment of 'Cancer-prone Personality' Characteristics in Healthy Study Subjects and in Patients with Breast Disease and Breast Cancer Using the Commitment Questionnaire: A Prospective Case–Control Study in Finland," *Anticancer Research* 31, no. 11 (November 2011): 4013–4017.
17. J. Giese-Davis et al., "Emotional Expression and Diurnal Cortisol Slope in Women with Metastatic Breast Cancer in Supportive-Expressive Group Therapy: A Preliminary Study," *Biological Psychology* 73, no. 2 (August 2006): 190–198; D. Spiegel et al., "Effect of Psychosocial Treatment on Survivalof Patients with Metastatic Breast Cancer," *The Lancet* 2, no. 8668 (October 14, 1989): 888–891; S.M. Levy et al., "Prognostic Risk Assessment in Primary Breast Cancer by Behavioral and Immunological Parameters," *Health Psychology* 4, no. 2 (1985): 99–113; S. Greer et al., "Psychological Response to Breast Cancer: Effect of Outcome," *The Lancet* 314, no. 8146 (October 13, 1979): 785–787.

第 7 章 第五情绪中心：对倾听和被倾听的需求

1. A.W. Bennett and C.G. Cambor, "Clinical Study of Hyperthyroidism: Comparison of Male and Female Characteristics," *Archives of General Psychiatry* 4, no. 2 (February 1961): 160–165.
2. American Association of University Women, *Shortchanging Girls, Shortchanging America* (Washington, D.C.: American Association of University Women, 1991); G. Johansson et al., "Examination Stress Affects Plasma Levels of TSH and Thyroid Hormones Differently in Females and Males," *Psychosomatic Medicine* 49, no. 4 (July–August 1987): 390–396; J.A. Sherman, *Sex-Related Cognitive Differences: An Essay on Theory and Evidence,* (Springfield, Ill.: Charles C. Thomas, 1978).
3. K. Yoshiuchi et al., "Stressful Life Events and Smoking Were Associated With Graves' Disease in Women, but Not in Men," *Psychosomatic Medicine* 60, no. 2 (March–April 1998): 182–185; J.L. Griffith and M.E. Griffith, *The Body Speaks: Therapeutic Dialogues for Mind-Body Problems* (New York: Basic Books, 1994); D. Kimura, "Sex Differences in Cerebral Organization for Speech and Praxic

Functions," *Canadian Journal of Psychology* 37, no. 1 (March 1983): 19–35.

4. G. Johansson et al., "Examination Stress Affects Plasma Levels of TSH and Thyroid Hormones Differently in Females and Males," *Psychosomatic Medicine* 49, no. 4 (July–August 1987): 390–396.

5. S.K. Gupta et al., "Thyroid Gland Responses to Intermale Aggression in an Inherently Aggressive Wild Rat," *Endokrinologie* 80, no. 3 (November 1982): 350–352.

6. American Association of University Women, *Shortchanging Girls, Shortchanging America* (Washington, D.C.: American Association of University Women, 1991).

7. American Association of University Women, *Shortchanging Girls, Shortchanging America* (Washington, D.C.: American Association of University Women, 1991).

8. H. Glaesmer et al., "The Association of Traumatic Experiences and Posttraumatic Stress Disorder with Physical Morbidity in Old Age: A German Population-Based Study," *Psychosomatic Medicine* 73, no. 5 (June 2011): 401–406; T. Mizokami et al., "Stress and Thyroid Autoimmunity," *Thyroid* 14,no.12 (December 2004): 1047–1055; V.R. Radosavljević et al., "Stressful Life Events in the Pathogenesis of Graves' Disease," *European Journal of Endocrinology* 134, no. 6 (June 1996): 699–701; N. Sonino et al., "Life Events in the Pathogenesis of Graves' Disease: A Controlled Study," *Acta Endocrinologica* 128, no. 4 (April 1993): 293–296; T. Harris et al., "Stressful Life Events and Graves' Disease," *The British Journal of Psychiatry* 161 (October 1992): 535–541; B. Winsa et al., "Stressful Life Events and Graves' Disease," *The Lancet* 338, no. 8781 (December 14, 1991): 1475–1479; S.A. Weisman, "Incidence of Thyrotoxicosis among Refugees from Nazi PrisonCamps,"*Annals of Internal Medicine* 48, no. 4 (April1 958): 747–752.

9. I.J. Cook et al., "Upper Esophageal Sphincter Tone and Reactivity to Stress in Patients with a History of Globus Sensation," *Digestive Diseases and Sciences* 34, no. 5 (May 1989): 672–676; J.P. Glaser and G.L. Engel, "Psychodynamics, Psychophysiology and Gastrointestinal Symptomatology," *Clinics in Gastroenterology* 6, no. 3 (September 1977):507–531.

10. B.Rai et al., "Salivary Stress Markers, Stress, and Periodontitis: A Pilot Study," *Journal of Periodontology* 82, no. 2 (February 2011): 287–292; A.T. Merchant et al.," A Prospective Study of Social Support, Anger Expression and Risk of Periodontitis in Men" *Journal of the American Dental Association* 134, no. 12 (December 2003): 1591–1596; R.J. Gencoetal.," Relationship of Stress, Distress and Inadequate Coping Behaviors to Periodontal Disease," *Journal of Periodontology* 70, no. 7 (July 1999): 711–723.

第 8 章 第六情绪中心：对现实世界和精神世界平衡的需求

1. I. Pilowsky et al., "Hypertension and Personality," *Psychosomatic Medicine* 35, no. 1 (January–February 1973): 50–56; H.O. Barber, "Psychosomatic Disorders of Ear, Nose and Throat," *Postgraduate Medicine* 47, no. 5 (May 1970):156–159.
2. K. Czubulski et al., "Psychological Stress and Personality in Ménière's Disease," *Journal of Psychosomatic Research* 20, no. 3 (1976): 187–191.
3. A. Brook and P. Fenton, "Psychological Aspects of Disorders of the Eye: APilot Research Project," *The Psychiatrist* 18 (1994): 135–137; J.Wiener, "Looking Out and Looking In: Some Reflections on 'Body Talk' inthe Consulting Room," *The Journal of Analytic Psychology* 39, no. 3 (July 1994): 331–350; L. Yardley, "Prediction of Handicap and Emotional Distress in Patients with Recurrent Vertigo Symptoms, Coping Strategies, Control Beliefs and Reciprocal Causation," *Social Science and Medicine* 39, no. 4 (1994): 573–581; C. Martin et al., "Ménière's Disease: A Psychosomatic Disease?" *Revue de Laryngologie, Otologie, Rhinologie* 112, no. 2 (1991): 109–111; C. Martin etal., "Psychologic Factor in Ménière's Disease," *Annales d'Oto-laryngologie et de Chirurgie Cervico Faciale* 107, no. 8 (1990): 526–531; M. Rigatelli et al., "Psychosomatic Study of 60 Patients with Vertigo," *Psychotherapy and Psychosomatics* 41, no. 2 (1984): 91–99; F.E. Lucente, "Psychiatric Problems in Otolaryngology," *Annals of Otology, Rhinology, and Laryngology* 82, no. 3 (May–June 1973): 340–346.
4. V. Raso et al., "Immunological Parameters in Elderly Women: Correlations with Aerobic Power, Muscle Strength and Mood State," *Brain, Behavior, and*

Immunity 26, no. 4 (May 2012): 597–606; O.M. Wolkowitz et al., "Of Sound Mind and Body: Depression, Disease, and Accelerated Aging," *Dialogues in Clinical Neuroscience* 13, no. 1 (2011): 25–39; M.F. Damholdt et al., "The Parkinsonian Personality and Concomitant Depression," *The Journal of Neuropsychiatry andClinical Neurosciences* 23, no. 1 (Fall 2011): 48–55; V. Kaasinen et al., "Personality Traits and Brain Dopaminergic Function in Parkinson's Disease," *Proceedings of the National Academy of Sciences* 98, no. 23 (November 6, 2001): 13272–13277; M.A. Menza and M.H. Mark, "Parkinson's Disease and Depression: The Relationship to Disability and Personality," *The Journal of Neuropsychiatry and Clinical Neurosciences* 6, no. 2 (Spring 1994): 165–169; G.W. Paulson and N. Dadmehr, "Is There a Premorbid Personality Typical for Parkinson's Disease?" *Neurology* 41, no. 5, sup. 2 (May 1991): 73–76; P. Mouren et al., "Personality of the Parkinsonian: Clinical and Psychometric Approach," *Annales Medico-Psychologiques (Paris)* 141, no. 2 (February 1983): 153–167; R.C. Duvoisin et al., "Twin Study of Parkinson Disease," *Neurology* 31, no. 1 (January 1981): 77–80; C.R. Cloninger, "A Systematic Method for Clinical Description and Classification of Personality Variants," *Archives of General Psychiatry* 44, no. 6 (June 1987): 573–588.

第9章 第七情绪中心：对生命意义的需求

1. A.M. De Vries et al., "Alexithymia in Cancer Patients: Review of the Literature," *Psychotherapy and Psychosomatics* 81, no. 2 (2012): 79–86; S. Warren et al., "Emotional Stress and Coping in Multiple Sclerosis (MS) Exacerbations," *Journal of Psychosomatic Research* 35, no. 1 (1991): 37–47; V. Mei-Tal et al., "The Role of Psychological Process in a Somatic Disorder: Multiple Sclerosis. 1. The Emotional Setting of Illness Onset and Exacerbation," *Psychosomatic Medicine* 32, no. 1 (January–February 1970): 67–86; S. Warren et al., "Emotional Stress and the Development of Multiple Sclerosis: Case-Control Evidence of a Relationship," *Journal of Chronic Diseases* 35, no. 11 (1982): 821–831.

2. A. Stathopoulou et al., "Personality Characteristics and Disorders in Multiple

Sclerosis Patients: Assessment and Treatment," *International Review of Psychiatry* 22, no. 1 (2010): 43–54; G.S. Philippopoulos et al., "The Etiologic Significance of Emotional Factors in Onset and Exacerbations of Multiple Sclerosis; a Preliminary Report," *Psychosomatic Medicine* 20, no. 6 (November–December 1958): 458–474; O.R. Langworthyetal., "Disturbances of Behavior in Patients with Disseminated Sclerosis," *American Journal of Psychiatry* 98, no. 2 (September 1941): 243–249.

3. X.J. Liu et al., "Relationship Between Psychosocial Factors and Onset of Multiple Sclerosis," *European Neurology* 62, no. 3 (2009): 130–136; O.R. Langworthy, "Relationship of Personality Problems to Onset and Progress of Multiple Sclerosis," *Archives of Neurology Psychiatry* 59, no. 1 (January 1948): 13–28.

4. C.M. Conti et al., "Relationship Between Cancer and Psychology: An Updated History," *Journal of Biological Regulators and Homeostatic Agents* 25, no.3 (July–September 2011): 331–339; J.A. Fidleretal., "Disease Progression in a Mouse Model of Amyotrophic Lateral Sclerosis: The Influence of Chronic Stress and Corticosterone," *FASEB Journal* 25, no. 12 (December 2011): 4369–4377.

5. E.R. McDonald et al., "Survival in Amyotrophic Lateral Sclerosis. The Role of Psychological Factors," *Archives of Neurology* 51, no. 1 (January 1994): 17–23.

6. H. Glaesmer et al., "The Association of Traumatic Experiences and Posttraumatic Stress Disorder with Physical Morbidity in Old Age: A German Population-Based Study," *Psychosomatic Medicine* 73, no. 5 (June 2011): 401–406.

7. L. Cohenetal., "Presurgical Stress Management Improves Postoperative Immune Function in Men with Prostate Cancer Undergoing Radical Prostatectomy," *Psychosomatic Medicine* 73, no. 3 (April 2011): 218–225.

参考文献

第3章 第一情绪中心：对安全感和归属感的需求

Bennette, G., "Psychic and Cellular Aspects of Isolation and Identity Impairment in Cancer: A Dialectic Alienation," *Annals of the New York Academy of Sciences* 164 (October 1969): 352–363.

Brown, G.W., et al., "Social Class and Psychiatric Disturbance Among Women in an Urban Population," *Sociology* 9, no. 2 (May 1975): 225–254.

Cobb, S., "Social Support as Moderator of Life Stress," *Psychosomatic Medicine* 38, no. 5 (September October 1976): 300–314.

Cohen, S., "Social Supports and Physical Health," in E.M. Cummings et al., eds., Life-Span Developmental Psychology: Perspectives on Stress and Coping (Hills-dale, N.J.: Erlbaum, 1991): 213–234.

Goodkin, K., et al., "Active Coping Style is Associated with Natural Killer Cell Cytotoxicity in Asymptomatic HIV-1 Seropositive Homosexual Men," *Journal of Psychosomatic Research* 36, no. 7 (1992): 635–650.

Goodkin, K., et al., "Life Stresses and Coping Style are Associated with Immune Measures in HIV Infection—A Preliminary Report," *International Journal of Psychia-try in Medicine* 22, no. 2 (1992): 155–172.

Jackson, J.K., "The Problem of Alcoholic Tuberculous Patients," in P.J. Sparer, *Perso-*

nality Stress and Tuberculosis (New York: International Universities Press, 1956).

Laudenslager, M.L., et al., "Coping and Immunosuppression: Inescapable but not Escapable Shock Suppresses Lymphocyte Proliferation," *Science* 221, no. 4610 (August 1983): 568–570.

Sarason, I.G., et al., "Life Events, Social Support, and Illness," *Psychosomatic Medicine* 47, no. 2 (March–April 1985): 156–163.

Schmale, A.H., "Giving up as a Final Common Pathway to Changes in Health," *Advances in Psychosomatic Medicine* 8 (1972): 20-40.

Spilken, A.Z., and M.A. Jacobs, "Prediction of Illness Behavior from Measures of Life Crisis, Manifest Distress and Maladaptive Coping," *Psychosomatic Medicine* 33, no. 3 (May 1, 1971): 251–264.

Temoshok, L., et al., "The Relationship of Psychosocial Factors to Prognostic Indicators in Cutaneous Malignant Melanoma," *Journal of Psychosomatic Research* 29, no. 2 (1985): 139–153.

Thomas, C.B., and K.R. Duszynski, "Closeness to Parents and Family Constellation in a Prospective Study of Five Disease States," *The Johns Hopkins Medical Journal* 134 (1974): 251–270.

Weiss, J.M., et al., "Effects of Chronic Exposure to Stressors on Avoidance-Escape Behavior and on Brain Norepinephrine," *Psychosomatic Medicine* 37, no. 6 (November–December 1975): 522–534.

第4章 第二情绪中心：对平衡金钱和爱情的需求

Hafez, E., "Sperm Transport," in S.J. Behrman and R.W. Kistner, eds., *Progress in Infertility,* 2d ed. (Boston: Little, Brown, 1975).

Havelock, E., *Studies in the Psychology of Sex* (Philadelphia: Davis, 1928).

Jeker, L., et al., "Wish for a Child and Infertility: Study on 116 Couples," *International Journal of Fertility* 33, no. 6 (November–December 1988): 411–420.

Knight, R.P., "Some Problems in Selecting and Rearing Adopted Children," *Bulletin of the Menninger Clinic* 5 (May 1941): 65–74.

Levy, D.M., "Maternal Overprotection," *Psychiatry* 2 (1939): 99–128.

Mason, J.M., "Psychological Stress and Endocrine Function," in E.J. Sachar, ed., *Topics in Psychoendocrinology* (New York: Grune & Stratton, 1975): 1–18.

Rapkin, A.J., "Adhesions and Pelvic Pain: A Retrospective Study," *Obstetrics and Gynecology* 68, no. 1 (July 1986): 13–15.

Reiter, R.C., "Occult Somatic Pathology in Women with Chronic Pelvic Pain," *Clinical Obstetrics and Gynecology* 33, no. 1 (March 1990): 154–160.

Reiter, R.C., and J.C. Gambore, "Demographic and Historic Variables in Women with Idiopathic Chronic Pelvic Pain," *Obstetrics and Gynecology* 75, no. 3 (March 1990): 428–432.

Slade, P., "Sexual Attitudes and Social Role Orientations in Infertile Women," *Journal of Psychosomatic Research* 25, no. 3 (1981): 183–186.

Van de Velde, T.H., *Fertility and Sterility in Marriage* (New York: Covici Friede, 1931).

Van Keep, P.A., and H. Schmidt-Elmendorff, "Partnerschaft in der Sterilen Ehe," *Medizinische Monatsschrift* 28, no. 12 (1974): 523–527.

Weil, R.J., and C. Tupper, "Personality, Life Situation, and Communication: A Study of Habitual Abortion," *Psychosomatic Medicine* 22, no. 6 (November 1960): 448–455.

第5章　第三情绪中心：对自我关注和自我价值的需求

Alvarez, W.C., *Nervousness, Indigestion, and Pain* (New York: Hoeber, 1943).

Bradley, A.J., et al., "Stress and Mortality in a Small Marsupial (*Antechinus stuartii*, Macleay)," *General and Comparative Endocrinology* 40, no. 2 (February 1980): 188–200.

Draper, G., and G.A. Touraine, "The Man-Environment Unit and Peptic Ulcers," *Archives of Internal Medicine* 49, no. 4 (April 1932): 616–662.

Dunbar, F., *Emotions and Bodily Changes,* 3d ed. (New York: Columbia University Press, 1947).

Henke, P.G., "The Amygdala and Restraint Ulcers in Rats," *Journal of Comparative Physiology and Psychology* 94, no. 2 (April 1980): 313–323.

Mahl, G.F., "Anxiety, HCI Secretion, and Peptic Ulcer Etiology," *Psychosomatic*

Medicine 12, no. 3 (May–June 1950): 158–169.

Sen, R.N., and B.K. Anand, "Effect of Electrical Stimulation of the Hypothalamus on Gastric Secretory Activity and Ulceration," *Indian Journal of Medical Research* 45, no. 4 (October 1957): 507–513.

Shealy, C.N., and T.L. Peele, "Studies on Amygdaloid Nucleus of Cat," *Journal of Neurophysiology* 20 (March 1957): 125–139.

Weiner, H., et al., "I. Relation of Specific Psychological Characteristics to Rate of Gastric Secretion (SerumPepsinogen)," *Psychosomatic Medicine* 19, no. 1 (January 1957): 1–10.

Zawoiski, E.J., "Gastric Secretory Response of the Unrestrained Cat Following Electrical Stimulation of the Hypothalamus, Amygdala, and Basal Ganglia," *Experimental Neurology* 17, no. 2 (February 1967): 128–139.

第6章　第四情绪中心：对表达自我和情绪的需求

Alexander, F., *Psychosomatic Medicine* (London: George Allen & Unwin, Ltd., 1952).

Bacon, C.L., et al., "A Psychosomatic Survey of Cancer of the Breast," *Psychosomatic Medicine* 14, no. 6 (November 1952): 453–460.

Dembroski, T.M., ed., *Proceedings of the Forum on Coronary-Prone Behavior* (Washington, D.C.: U.S. Government Printing Office, 1978).

Derogatis, L.R., et al., "Psychological Coping Mechanisms and Survival Time in Metastatic Breast Cancer," *Journal of the American Medical Association* 242, no. 14 (October 1979): 1504–1508.

Friedman, M., and R.H. Rosenman, "Association of Specific Overt Behavior Pattern with Blood and Cardiovascular Findings," *Journal of the American Medical Association* 169, no. 12 (March 1959): 1286–1296.

Helmers, K.F., et al., "Hostility and Myocardial Ischemia in Coronary Artery Disease Patients," *Psychosomatic Medicine* 55, no. 1 (January 1993): 29–36.

Henry, J.P., et al., "Force Breeding, Social Disorder and Mammary Tumor Formation in CBA/USC Mouse Colonies: A Pilot Study," *Psychosomatic Medicine* 37, no. 3 (May 1975): 277–283.

Jansen, M.A., and L.R. Muenz, "A Retrospective Study of Personality Variables Associated with Fibrocystic Disease and Breast Cancer," *Journal of Psychosomatic Research* 28, no. 1 (1984): 35–42.

Kalis, B.L., et al., "Personality and Life History Factors in Persons Who Are Potentially Hypertensive," *The Journal of Nervous and Mental Disease* 132 (June 1961): 457–468.

Kawachi, I., et al., "A Prospective Study of Anger and Coronary Heart Disease," *Circulation* 94 (1996): 2090–2095.

Krantz, D.S., and D.C. Glass, "Personality, Behavior Patterns, and Physical Illness," in W.D. Gentry, ed., *Handbook of Behavioral Medicine* (New York: Guilford, 1984).

Lawler, K.A., et al., "Gender and Cardiovascular Responses: What Is the Role of Hostility?" *Journal of Psychosomatic Research* 37, no. 6 (September 1993): 603–613.

Levy, S.M., et al., "Survival Hazards Analysis in First Recurrent Breast Cancer0 Patients: Seven-Year Follow-up," *Psychosomatic Medicine* 50, no. 5 (September–October 1988): 520–528.

Lorenz, K., *On Aggression* (London: Methuen & Co., 1966).

Manuck, S.B., et al., "An Animal Model of Coronary-Prone Behavior," in M.A. Chesney and R.H. Rosenman, eds., *Anger and Hostility in Cardiovascular and Behavioral Disorders* (Washington, D.C.: Hemisphere Publishing Corp., 1985).

Marchant, J., "The Effects of Different Social Conditions on Breast Cancer Induction in Three Genetic Types of Mice by Dibenz[a,h]anthracene and a Comparison with Breast Carcinogenesis by 3-methylcholanthrene," *British Journal of Cancer* 21, no. 3 (September 1967): 576–585.

Muhlbock, O., "The Hormonal Genesis of Mammary Cancer," *Advances in Cancer Research* 4 (1956): 371–392.

Parkes, C.M., et al., "Broken Heart: A Statistical Study of Increased Mortality among Widowers," *British Medical Journal* 1, no. 5646 (March 1969): 740–743.

Rees, W.D., and S.G. Lutkins, "Mortality of Bereavement," *British Medical Journal* 4

(October 1967): 13–16.

Reznikoff, M., "Psychological Factors in Breast Cancer: A Preliminary Study of Some Personality Trends in Patients with Cancer of the Breast," *Psychosomatic Medicine* 17, no. 2 (March–April 1955): 96–108.

Seiler, C., et al., "Cardiac Arrhythmias in Infant Pigtail Monkeys Following Maternal Separation," *Psychophysiology* 16, no. 2 (March 1979): 130–135.

Shaywitz, B.A., et al., "Sex Differences in the Functional Organization of the Brain for Language," *Nature* 373, no. 6515 (February 16, 1995): 607–609.

Shekelle, R.B., et al., "Hostility, Risk of Coronary Heart Disease, and Mortality," *Psychosomatic Medicine* 45, no. 2 (1983): 109–114.

Smith, W.K., "The Functional Significance of the Rostral Cingular Cortex as Revealed by Its Responses to Electrical Excitation," *Journal of Neurophysiology* 8, no. 4 (July 1945): 241–255.

Tiger, L., and R. Fox, *The Imperial Animal* (New York: Holt, Rinehart & Winston, 1971).

Van Egeron, L.F., "Social Interactions, Communications, and the Coronary-Prone Behavior Pattern: A Psychophysiological Study," *Psychosomatic Medicine* 41, no. 1 (February 1979): 2–18.

第 7 章　第五情绪中心：对倾听和被倾听的需求

Adams, F., *Genuine Works of Hippocrates* (London: Sydenham Society, 1849).

Brown, W.T., and E.F. Gildea, "Hyperthyroidism and Personality," *American Journal of Psychiatry* 94, no.1 (July 1937): 59–76.

Morillo, E., and L.I. Gardner, "Activation of Latent Graves' Disease in Children: Review of Possible Psychosomatic Mechanisms," *Clinical Pediatrics* 19, no. 3 (March 1980): 160–163.

―――, "Bereavement as an Antecedent Factor in Thyrotoxicosis of Childhood: Four Case Studies with Survey of Possible Metabolic Pathways," *Psychosomatic Medicine* 41, no. 7 (1979): 545–555.

Voth, H.M., et al., "Thyroid 'Hot Spots': Their Relationship to Life Stress," *Psychosomatic Medicine* 32, no. 6 (November 1970): 561–568.

Wallerstein, R.S., et al., "Thyroid 'Hot Spots': A Psychophysiological Study," *Psychosomatic Medicine* 27, no. 6 (November 1965): 508–523.

第 8 章　第六情绪中心：对现实世界和精神世界平衡的需求

Booth, G., "Psychodynamics in Parkinsonism," *Psychosomatic Medicine* 10, no. 1 (January 1948): 1–14.

Camp, C.D., "Paralysis Agitans and Multiple Sclerosis and Their Treatment," in W.A. White and S. E. Jelliffe, eds., *Modern Treatment of Nervous and Mental Diseases*, Vol. II (Philadelphia: Lea & Febiger, 1913): 651–671.

Cloninger, C.R., "Brain Networks Underlying Personality Development," in B.J. Carroll and J.E. Barrett, eds., *Psychopathology and the Brain* (New York: Raven Press, 1991), 183–208.

Coker, N.J., et al., "Psychological Profile of Patients with Ménière's Disease," *Archives of Otolaryngology-Head & Neck Surgery* 115, no. 11 (November 1989): 1355–1357.

Crary, W.G., and M. Wexler, "Ménière's Disease: A Psychosomatic Disorder?" *Psychological Reports* 41, no. 2 (October 1977): 603–645.

Eatough, V.M., et al., "Premorbid Personality and Idiopathic Parkinson's Disease," *Advances in Neurology* 53 (1990): 335–337.

Erlandsson, S.I., et al., "Psychological and Audiological Correlates of Perceived Tinnitus Severity," *Audiology* 31, no. 3 (1992): 168–179.

_____ , "Ménière's Disease: Trauma, Disease, and Adaptation Studied through Focus Interview Analyses," *Scandinavian Audiology*, Supplementum 43 (1996): 45–56.

Groen, J.J., "Psychosomatic Aspects of Ménière's Disease," *Acta Oto-laryngologica* 95, no. 5–6 (May–June 1983): 407–416.

Hinchcliffe, R., "Emotion as a Precipitating Factor in Ménière's Disease," *The Journal of Laryngology & Otology* 81, no. 5 (May 1967): 471–475.

Jellife, S.E., "The Parkinsonian Body Posture: Some Considerations on Unconscious Hostility," *Psychoanalytic Review* 27 (1940): 467–479.

Martin, M.J., "Functional Disorders in Otorhinolaryngology," *Archives of Otolaryngology-Head & Neck Surgery 91, no. 5 (May 1970): 457–459.

Menza, M.A., et al., "Dopamine-Related Personality Traits in Parkinson's Disease," Neurology 43, no. 3, part 1 (March 1993): 505–508.

Minnigerode, B., and M. Harbrecht, "Otorhinolaryngologic Manifestations of Masked Mono-or Oligosymptomatic Depressions," HNO 36, no. 9 (September 1988): 383–385.

Mitscherlich, M., "The Psychic State of Patients Suffering from Parkinsonism," Advances in Psychosomatic Medicine 1 (1960): 317–324.

Poewe, W., et al., "Premorbid Personality of Parkinson Patients" Journal of Neural Transmission, Supplementum 19 (1983): 215–224.

———, "The Premorbid Personality of Patients with Parkinson's Disease: A Comparative Study with Healthy Controls and Patients with Essential Tremor," Advances in Neurology 53 (1990): 339–342.

Robins, A.H., "Depression in Patients with Parkinsonism," British Journal of Psychiatry, 128 (February 1976): 141–145.

Sands, I., "The Type of Personality Susceptible to Parkinson's Disease," Journal of the Mount Sinai Hospital, 9 (1942):792–94.

Siirala, U., and K. Gelhar, "Further Studies on the Relationship between Ménière, Psychosomatic Constitution and Stress," Acta Oto-laryngologica 70, no. 2 (August 1970): 142–147.

Stephens, S.D., "Personality Tests in Ménière's Disorder," The Journal of Laryngology and Otology 89, no. 5 (May 1975): 479–490.

第9章 第七情绪中心：对生命意义的需求

Adams, D.K., et al., "Early Clinical Manifestations of Disseminated Sclerosis," British Medical Journal 2, no. 4676 (August 19, 1950): 431–436.

Allbutt, T.C., and H.D. Rolleston, eds., A System of Medicine (London: Macmillan and Co, 1911).

Charcot, J.M., Lectures on the Diseases of the Nervous System, George Sigerson (trans.), (London: The New Sydenham Society, 1881).

Firth, D., "The Case of Augustus d'Este (1794–1848): The First Account of Disseminated Sclerosis" *Proceedings of the Royal Society of Medicine* 34, no. 7 (May 1941): 381–384.

McAlpine, D., and N.D. Compston, "Some Aspects of the Natural History of Disseminated Sclerosis," *The Quarterly Journal of Medicine* 21, no. 82 (April 1952): 135–167.

Moxon, W., "Eight Cases of Insular Sclerosis of the Brain and Spinal Cord," *Guy's Hospital Reports* 20 (1875): 437–478.

———, "Case of Insular Sclerosis of Brain and Spinal Cord," *The Lancet* 1, no. 2581 (February 1873): 236.